环
HUA

Environmental

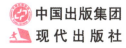

保护环境的必要性

吴波◎编著

中国出版集团
现代出版社

图书在版编目（CIP）数据

保护环境的必要性／吴波编著．—北京：现代出版社，2012.12（2024.12重印）
（环境保护生活伴我行）
ISBN 978－7－5143－0958－4

Ⅰ．①保… Ⅱ．①吴… Ⅲ．①环境保护－青年读物②环境保护－少年读物 Ⅳ．①X－49

中国版本图书馆 CIP 数据核字（2012）第 275459 号

保护环境的必要性

编　　著	吴　波
责任编辑	李　鹏
出版发行	现代出版社
地　　址	北京市朝阳区安外安华里 504 号
邮政编码	100011
电　　话	010－64267325　010－64245264（兼传真）
网　　址	www. xdcbs. com
电子信箱	xiandai@ cnpitc. com. cn
印　　刷	唐山富达印务有限公司
开　　本	710mm×1000mm　1/16
印　　张	12
版　　次	2013 年 1 月第 1 版　2024 年 12 月第 4 次印刷
书　　号	ISBN 978－7－5143－0958－4
定　　价	57.00 元

前 言

人类生活在地球上，离不开一定的生存环境，这就是地球上的生态系统。地球生态系统是一个交融互摄、互相依存的系统。在整个自然界中，无论海洋、陆地和空中的动植物，乃至各种无机物，均为地球这一“整体生命”不可分割的部分。

作为自组织系统，地球虽然有其遭受破坏后自我修复的能力，但它对外来破坏力的忍受终究是有极限的。对地球生态系统中任何部分的破坏一旦超出其忍受值，便会环环相扣，危及整个地球生态，并最终祸及包括人类在内的所有生命体的生存和发展。

我们知道，人类与自然环境的关系是对立统一的。地球不仅孕育了生命，而且为人类提供了生存和发展的场所。亿万年来，人类与地球息息相关，并以地球为依托，从蛮荒走向文明，不仅创造了无数美好的事物，同时也改造了自己。这是一部人与地球互相影响、互相调节的伟大历史。在这个过程中，人类得以生生不息、代代相传。

然而，在多种因素的影响下，随着人类的发展，以及发展过程对地球的改造，环境问题也越来越突出；环境和生态的破坏已经严重影响到人类的生存和可持续发展。环境污染、生态破坏、资源枯竭、能源危机、酸雨蔓延、全球气候变暖、臭氧层出现空洞、物种加速灭绝……大自然的警钟不断敲响，人类最终认识到了环境破坏的严重性。

1972 年 6 月 5 日至 16 日，由联合国发起、在瑞典斯德哥尔摩召开的“第一届联合国人类环境会议”，提出了著名的《人类环境宣言》。从此，环境保护事业正式引起世界各国政府重视。

是的，环境问题涉及自然、社会、环境等诸多因素。面对这些问题与挑战，人类应如何应对？在漫长的探索中，人类最终提出要走坚持可持续发展的道路，从政策、法律、科技、能源等多方面入手治理，并取得了一定的成就。

保护环境，要从我们生活中的衣食住行做起，从节约一滴水、一度电做起，从栽一棵树、种一盆花做起，从走出汽车、以步代车做起。善待自然，保护环境，人人可为，且大有可为。

当然，环境保护，不是一朝一夕的事情。人类必须坚持可持续发展，尊重大自然，遵循自然规律，善待我们的生存环境，与大自然协调发展。我们希望读者在看完这本书之后，都能加入环境保护的队伍，为营造我们未来美好的环境做一份贡献。

目 录

日益严重的环境问题

人类的警醒

环境治理的探索

科技环境保护的现在与未来

日益严重的环境问题

RIYI YANZHONG DE HUANJING WENTI

地球，是人类文明的源泉。人类在劳动中认识和改造自然，使自然界的面貌发生了巨大的变化。然而人类对自然界的作用又是有限度的，违背自然规律，就要受到自然界的惩罚。

大气的污染、水资源的短缺与污染、固体废弃物的不断增加，以及生态系统的破坏，是当今人类面临的最紧迫的环境问题。酸雨、温室效应、臭氧层空洞、江河断流、耕地退化、物种灭绝……一次次的灾难，最终让人们意识到，地球的环境与人类的生存息息相关。

环境问题的由来

由自然力或人力引起生态平衡破坏，最后直接或间接影响人类的生存和发展的客观存在的问题都是环境问题。我们常说的环境问题，是由人类活动引起的，它又可分为环境污染和生态环境破坏两种情况。

环境污染包括由物质引起的污染和由能量引起的污染。当污染严重时会发生“公害”事件。公害是严重的环境污染，它能造成大面积的影响，形成对人体和生物体严重危害，短期内会发生人群大量发病或死亡的事件。

生态环境破坏则是人类活动直接作用于自然界引起的。例如，乱砍滥伐

土壤荒漠化

引起的森林植被破坏，过度放牧引起的草原退化，植被破坏引起的水土流失，草原植被破坏引起的土壤荒漠化，生态环境破坏和大量捕杀野生动物危及地球物种多样性等等，都属于生态环境破坏问题。

人类活动对环境的破坏和污染，自古有之，但因其量小面窄，生态系统尚能通过自身内部的调控得以消除，多少世纪以来并没有成为太大的问题。18 世纪产业革命极大地推动了生产力的发展，同时也使环境遭到巨大的破坏和污染，开始引起人们的注意。

随着燃料动力的变迁、新工业部门的增加、新应用技术的出现，环境遭到破坏和污染，大致可分为三个阶段：

第一阶段是从产业革命开始到 20 世纪 20 年代，是公害发生期。

产业革命使纺织工业和煤炭、钢铁、化工等重工业迅猛发展。尤其作为动力的煤炭大规模应用，导致大量煤烟尘和二氧化硫进入大气层，污染空气。

产业革命

同时，采矿业和化学工业的发展所产生的污水，严重毒害附近江河的水质。特别是制碱法的出现使其排入大气的氯化氢与水汽结合成盐酸，腐蚀衣物，毁坏建筑物，使树木枯黄，庄稼受害；弃置在河岸旁的经过硫化的矿石被逐渐分解，产生硫化氢，恶臭熏人，毒死河鱼。后来，漂白粉、氨碱法等新产品、新工艺的产生，虽然使原来的污染有所减少，但又往往带来新的污染。

第二阶段从 20 世纪 20 年代至 40 年代，是公害发展期。

由燃煤造成的污染又有发展，同时增加了石油和石油产品带来的污染。

20世纪30年代后，内燃机代替了蒸汽机，各种车辆广泛使用，使石油和天然气的消耗量急剧增加，其排出的废气在紫外线的作用下生成刺激性气体，形成光化学烟雾，损害农牧业，威胁居民健康。

另外，有机化学工业的出现和发展，使有机毒物对环境污染的问题更为突出。尤其是含酚废水对水域的污染，不仅毒害水生生物，而且使人慢性中毒，影响人的身体健康。

第三阶段从20世纪50年代到现在，是公害泛滥期。

由石油及其制品造成的污染大量增加，同时又出现了新的污染源，如农药、化肥等有机合成物，以及放射性物质等。此阶段，除大气污染严重外，水质污染也非常突出。另外，噪声、垃圾等污染源纷纷出现。

石油化工

这一时期污染环境较为严重的是化工、冶金、轻工三大部门，火电厂、钢铁厂、炼油厂、石油化工厂、矿山有色金属冶炼厂和造纸厂六大企业。此外，城市汽车也是一种重要的污染源。

工业化是地球环境遭破坏和污染的根源。人类通过工业化，按照自己的愿望创造了一个新世界，但是，为此也付出了高昂的代价，人类的生存环境被日益污染和严重破坏。

值得指出的是，作为工业化核心的科技革命呈现加速发展的趋势。这不仅表现在科技知识更新加速，科技成果迅速增加，而且表现在科学发现到技术上实现的时间在缩短，新技术、新产品老化的速度加快。

据统计，从发明到应用所花的时间，蒸汽车 100 年，电动机 57 年，电话 56 年，无线电 35 年，真空管 33 年，汽车 27 年，飞机 14 年，电视机 12 年，原子弹 6 年，晶体管 5 年，集成电路 3 年，激光器 1 年；新技术、新产品的老化周期，20 世纪初为 40 年，70 年代为 8—9 年，80 年代更短。每一项新发明、新技术、新产品的出现虽然推动了生产力的发展，但也带来新的环境污染和破坏。这与古代由于科学发展造成的环境影响相比，无论是规模，还是速度，要严重得多。古代一项科学技术对环境的影响可能需要几百上千年，但是，现代可能只需几年。

因此，科学技术发展加快的态势，使大自然自我调节、自我净化的能力难以适应，而且人类也难以采取新的措施根除日新月异的污染源。这可能就是地球环境被污染加剧、生态平衡被破坏严重的重要原因。

知识点

工业革命

工业革命，又称产业革命，发源于英格兰中部地区，是指资本主义工业化的早期历程，即资本主义生产完成了从工场手工业向机器大工业过渡的阶段。

工业革命是以机器取代人力、以大规模工厂化生产取代个体工场手工生产的一场生产与科技革命。机器的发明及运用成为这个时代的标志，因此历史学家称这个时代为“机器时代”。

18 世纪中叶，英国人瓦特改良蒸汽机之后，由一系列技术革命引起了从手工劳动向动力机器生产转变的重大飞跃。随后向英国乃至整个欧洲大陆传播，19 世纪传至北美。

延伸阅读

公害病案例：日本水俣病

20世纪50年代初，在日本九州岛南部熊本县的一个叫水俣镇的地方，出现了一些患口齿不清、面部发呆、手脚发抖、神经失常的病人。这些病人久治不愈，最后全身弯曲，悲惨死去。这个镇有4万居民，几年中先后有1万人不同程度出现此种病状，其后附近其他地方也发现此类症状。

经数年调查研究，于1956年8月由日本熊本国立大学医学院研究报告证实，这是由于居民长期食用了八代海水俣湾中含有汞的海产品所致。据1972年日本环境厅统计，水俣湾和新潟县阿贺野川下游有中毒患者283人，其中60人死亡。

汞也称水银，是一种剧毒的重金属，具有较强的挥发性。汞对于生物的毒性不仅取决于它的浓度，而且与汞的化学形态以及生物本身的特征有密切关系。一般认为，汞是通过海洋生物体表（皮肤和鳃）的渗透或摄取含汞的食物进入体内的。

水俣湾为什么会有含汞的海产品呢？这还要从水俣镇的一家工厂谈起。水俣镇有一家合成醋酸工厂，在生产中采用氯化汞和硫酸汞两种化学物质做催化剂。催化剂在生产过程中仅仅起促进化学反应的作用，最后全部随废水排入临近的水俣湾内，并且大部分沉淀在湾底的泥里。

工厂所选的催化剂氯化汞和硫酸汞本身虽然也有毒，但毒性不很强。然而它们在海底的泥里能够通过一种叫甲基钴氨素的细菌作用变成毒性十分强烈的甲基汞。甲基汞释放出来对上层海水形成二次污染，长期生活在这里的鱼虾贝类最易被甲基汞所污染，据测定水俣湾里的海产品的含汞量已超过可食用量的50倍，居民长期食用此种含汞的海产品，自然就成为甲基汞的受害者。

水俣病的遗传性也很强，孕妇吃了被甲基汞污染的海产品后，可能引起婴儿患先天性水俣病，就连一些健康者的后代也难逃恶运。许多先天性水俣病患儿，都存在运动和语言方面的障碍，其病状酷似小儿麻痹症，这说明要消除水俣病的影响绝非易事。

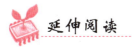

正在失衡的地球

人类借助于各种科学技术手段，利用和改造自然，创造了日益丰富的物质财富。但是，自然界的生物（包括人）都生活在一定的环境之中，他们的活动受着环境及其自身内部规律的制约。人类对大自然的每一次索取和改造都会遭到强烈的抵抗。正如恩格斯在《自然辩证法》中指出的，不要过分陶醉于我们对自然界的胜利，对于每一次这样的胜利，自然界都报复了我们。自从 18 世纪开始工业革命以来，人类加速了对地球的索取，致使地球的环境受到污染和破坏，生态系统正在失去平衡。

人类在地球上不能单独存在。他们离不开空气、水、土壤，总是在自然界的一定范围内，与一定种类的动物、植物、微生物通过各种方式彼此联系，互相依存，共同生活在一起，组成“生物圈”。科学家称之为“生物社会”或“生物群落”。人们对此早已有研究。

亚里士多德像

亚里士多德在他所写的《动物历史》一书中就曾断言：“当动物占据相同的空间和为了生存而利用相同的资源时，它们之间就会发生战争。”

18 世纪瑞典植物学家利诺伊则说：“自然界是个虚弱的体系，每个组成部分都是相互支持的。”“在自然政府中，人是最高的侍从。”

19 世纪，达尔文在《物种起源》一书中创立了进化论。1866 年，德国生物学家恩斯特作为达尔文的追随者，将希腊语中的“住宅”与“研究”两个词结合在一起，创造了生态学这个词。

1895 年，丹麦哥本哈根植物学教授沃明提出了生态学是生物学根源的著名论点。他的《植物生态学》被看成是创立生态学这门新兴科学的标志。

进入20世纪，植物学家席姆佩尔第一次研究了环境在生理方面对植物的影响。1935年英国生态学家坦斯利创立了生态体系理论。他认为，在生态系统中，以人为代表的生物同其生存环境之间存在着密切联系，他们无时无刻不在利用和转化生存环境中的能量和物质，也无时无刻不在释放一定的能量和物质。因此，其中一个因子的运动变化，必然影响其他因子的运动变化，形成一系列的连锁反应。这实质上是能量流动和物质交换过程。

1942年，美国人雷蒙德·林德曼在对明尼苏达州一个湖进行研究的基础上，将有关生物与环境之间物质与能源转换的结论推广到所有陆地与水中的生态体系。生态体系变为一种基本概念。生态学作为一门科学宣告确立。他指出，人类应不惜一切代价保护自然。

关于生物与环境之间的能量转换，实际上是生态系统内，由非生物环境经有机物，再到生物环境间的一系列能量传递和转换过程。这些能量最初来自太阳；植物通过光合作用，将太阳能转化为化学能，贮藏在有机物质之中，这些能量沿着生物系统的食物链和食物网流动。

食物链是有生物以来就客观存在的现象。“大鱼吃小鱼，小鱼吃虾米，虾米吃滓泥”，生动地反映了生态系统中植物与动物，动物与动物之间的关系。这种关系如同一条一环扣一环的锁链，所以叫“食物链”。食物链上的每一个环节叫作“营养级”。

在自然界中，一种生物完全依赖另一种生物而生存的现象是极少的。因此，实际上并不存在单纯直线式的食物链，而是一张复杂交织的“食物网”。正是这种食物链和食物网，为所有的生物提供了生命延续所必需的能量，维持着生态系统的平衡。

生态平衡就是生物与环境在长期适应过程中形成的结构和功能处于相对稳定的状态。它主要表现在生物种类的组成、各种群的数量比例以及物质、能量输出输入等方面处于最佳功能状态，包括结构平衡、功能平衡和物质平衡。

影响生态平衡的因素很多，例如自然界发生的火山爆发、地震、海啸、泥石流、雷电火烧、干旱、台风、大雨等都可能影响到生态平衡。例如，风暴的袭击和火山的爆发，就可以在几分钟内毁掉维持了几个世纪的平衡。

从9世纪到14世纪，湿冷的天气导致西欧的小麦发生麦角菌枯萎病，人们吃了由这种面粉制作的面包，普遍传染上多种奇怪的疾病。急性患者，其症状类似急惊风，有的会很快死去。慢性患者，打寒战、发高热、四肢发黑萎缩、皮肤脱落。这种病酿成西欧许多村庄覆灭，成为废墟。

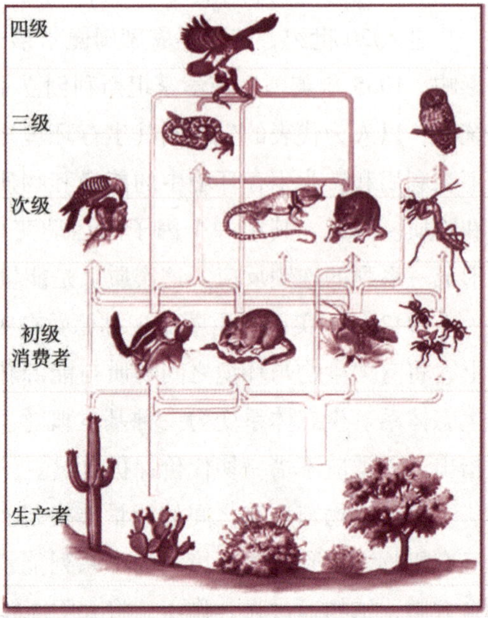

食物链示意图

然而更严重的是人类的活动引起的对生态平衡的破坏。长期以来，人类为了满足生产和生活的需要，大规模毁坏森林、草原，导致植被破坏，生态系统中的水循环、大气流动、矿物质循环等正常结构遭破坏，进而使水土流失，气候异常、动植物物种消失等。

最典型的是，战后非洲国家为发展工业，大量砍伐森林，气候随之恶化，撒哈拉大沙漠不断扩大，旱灾经常发生，粮食作物不断减产，许多非洲国家由粮食出口国变成粮食进口国，当地居民饥馑、病患横行，非洲大陆陷入“生存危机”。

因此，生态系统内部、外部因素的不断变化，尤其是人类作为地球的主人，其数量、科技水平、改造自然的能力、消费结构、生活方式的变化等，对生态系统的平衡产生了巨大的影响。生态系统和其他任何事物一样，处于不断运动之中，其平衡是相对的、有条件的，不平衡则是绝对的、无条件的。人们只能认识它，掌握其运动规律，积极地建立一种适应人类社会经济发展所需要的相对稳

严重的水土流失

定的有序结构。

生态系统所以能保持相对平衡状态，主要是由于其内部具有自动调节的能力。生态系统复杂的网络结构是这种调节作用的基础。如果其某一部分出现机能的异常，就可能被其他部分的调节所抵消。

例如，在原始森林中，生长着许多动、植物，它们长期共存着。倘若某一原因导致害虫增加，树木生长受到危害；害虫的增加必然使食虫的鸟类由于食物丰富而迅速繁殖，结果，害虫的蔓延受到抑制，树木的生长逐渐正常，昔日的生态平衡随之恢复。因此，生态系统的种群越多，结构越复杂，其能量流动和物质循环越畅通，调节能力也就越强。科学家将生态系统的自我调节能力称为负反馈效能。

但是，这种自我调节能力不是无限的。超过这个限度，生态系统的自我调节能力就会不起作用，引起功能的退化和结构的破坏，最终导致生态系统的混乱。这个数量限度被称为“临界值”。

在资源方面，是指人类取得生态资源的最高量不得超过生态系统的固有调节机制得以维持时的自然再生产量，即对生态系统的干预不得超过临界值。

例如，畜群的发展不得超过草原牧草生长所能承受的最大负荷；森林的采伐量不得超过林木生长量；水产品捕捞量不得超过鱼类自然增殖量。

草原放牧

在环境方面，人类及其生产活动排入生态系统的废物量不得超过生态系统的承受力，即生态系统的自净能力。如果超过自净能力，就会导致生态环境的严重污染和生物资源的破坏，反过来影响人类及其生产活动的正常进行。如果超过环境的分解、吸收能力，就会导致环境被破坏，在此环境中生长的动植物被扼杀。

例如，农田中化肥和农药使用过量，不仅影响农作物生长，而且未被分解的化肥、农药流入江河湖海，影响鱼类的生长，甚至通过食物链的积聚，影响人的身体健康。

总之，生态系统的平衡是脆弱的，尽管生物的再生能力很强，保证了生态系统的自我调节能力。但是，地球上生物和非生物之间，即生态系统的内部相互依赖是如此密切，以致任何一个环节都潜在着由于受到冲击而难以恢复的危险。一旦那种微妙的平衡被破坏，就有可能造成预料不到的严重后果。

更为严重的是，迄今为止，我们对地球和生态系统的了解还很肤浅，还有许多东西未被认识。地球的许多惊人而复杂的力量一旦迸发出来，如同蛋壳似的脆弱的生态平衡，有可能在一瞬间被打破。当然，也有的要经过几十年、几百年乃至上千年，才能重现失衡。

黄　河

正是这种脆弱的生态平衡被打破，给人类社会文明带来了严重后果。从土耳其发源的底格里斯河及幼发拉底河之间，原为肥沃之地，亦为世界文明发源地之一，曾经哺育了巴比伦文明。后来，由于植被受到破坏，丰腴富饶的美索不达米亚平原变成了片片沙漠，巴比伦文明随之衰落、消失。

印度和巴基斯坦之间的塔尔平原，曾是印度河流域的农业富庶地区，由于上游植被遭破坏，水土流失加剧，风沙紧逼，形成了65万平方千米的塔尔大沙漠。我国的黄河流域，曾是文明的发源地，由于同样的原因，已变成光秃秃的黄土高原。苏联帮助埃及建设的阿斯旺水坝，目的用于灌溉和发电，却使尼罗河水文等生态条件发生很大变化，农田土壤盐渍化，坝内水中的营养物减少，水质变差，鱼类产量锐减，血吸虫的寄主蜗牛和疟蚊增加，严重破坏了当地的农业生产条件，加剧了对人类的危害。

知识点

生态学

生态学是研究生物与环境之间相互关系及其作用机制的科学。

生态学的发展经历了植物生态学、动物生态学、人类生态学、民族生态学四个阶段。植物生态学在某种意义上只研究植物与其环境之间的关系。随着保护生态学发展，人们发现了其局限性，因为离开了动物，纯粹只考虑植物生态是毫无意义的，因为动物可能瞬间就将其破坏；因此，就产生了第二个阶段动物生态学；然而人类的破坏力较动物幅度更大，就产生了人类生态学，也是首次将文理科结合起来。民族生态学是生态学发展的最高级阶段，是研究特定人群（以民族为单位）来研究不同民族的文化、风俗、信仰等影响生态环境的变革。

延伸阅读

古代文明

公元前3500年到公元前1000年这段时期，被称之为古代文明时期。除中华文明外，还包括：

两河文明：发源于底格里斯河与幼发拉底河流域，又称美索不达米亚文明。两河文明也是有史可考的最古老的文明，其文明起步可以追溯到公元前4000年，正式形成于约公元前3500年。当时生活在两河流域的是苏美尔人，建立了苏美尔文明。之后陆续有闪米特人、赫梯人、亚述人、波斯人、马其顿人、罗马人、阿拉伯人和突厥人相继入侵。两河流域继苏美尔人之后最伟大的文明就是由闪米特人汉谟拉比建立的古巴比伦。

尼罗河文明：发源于尼罗河流域，又称古埃及文明，其历史也可追溯到公元前4000年。公元前3188年左右，上埃及国王美尼斯统一上下埃及，开始了史称的埃及王朝时期，也就代表了古埃及文明的正式开始。

印度河文明：发源于印度河与恒河流域。文明的开始也可追溯到公元前3000年，最终形成于公元前2500年左右。

爱琴文明：发源于希腊爱琴海地区，形成于公元前3000年左右。米诺斯文明发源于地中海的克里特岛，又称克里特文明，后被麦锡尼文明所取代。

奥尔梅克文明：发源于现在的中美洲，形成于公元前1200年左右。

“人口爆炸”对环境的影响

地球正在失去平衡的另一个原因是人口迅速增加。随着工业化的进展和医疗技术的提高，人口的死亡率下降，人的寿命延长，人口增长率居高不下。尤其是发展中国家，目前达到年增长率2.5%左右。

据统计，世界人口每增加10亿需要的时间，第一个10亿为近300万年，第二个10亿约为130年（1800—1930），第三个10亿为30年（1930—1960），第四个10亿为15年（1960—1975），第五个10亿为12年（1975—1987）。目前，世界正在以每秒钟3个人的速度增长，每天大约要出生25万人。

人口迅速增长首先增加了对食物的压力。从1946年算起，世界粮产平均增长速度超过世界人口年平均增长速度的幅度愈益缩小。

日益减少的耕地

全世界按人口平均的粮食占有量增势由此呈递减状态，1950—1960年从251千克增加到285千克，10年增加了34千克，1960—1970年10年里只增加24千克，1970—1980年只增加了15千克。其中，发展中国家粮食形势尤为严峻，许多地区由于发生自然灾害而粮食减产。更为严重的是，二战后，许多发展中国家为发展工业、交通运输业等，大量占用了农业耕地，使人均耕地面积急剧下降。

同时，由于乱砍滥伐森林，围湖造田，不合理开垦草原，不少国家的土地沙漠化愈益严重，每年都有大片耕地被沙漠吞没。尤其是20世纪80年代中期和90年代初期，撒哈拉南部非洲国家因而发生严重旱灾，粮食生产遭到毁灭性打击，几百万人饿死荒原，几千万人营养不良，非洲大陆陷入空前的“粮食危机”和“生存危机”。亚洲、拉丁美洲有些国家也由此从粮食输出国变为粮食进口国，有些国家虽然农业发展较好，粮食产量年年增长，但它是在“传统工业化”理论指导下，粮食增长靠的是化肥、农药的大量使用，因而其对土壤肥力、结构和生态环境的破坏也是十分严重的。

人口迅速增加还对自然资源造成巨大压力。人类是在利用自然资源的过程中向前发展的。自然界为人类的劳动提供原料，人类劳动又把这些原料加工成财富。在人类历史上，人口和自然资源的关系，大体上经历了三个大的阶段：

第一阶段，人类的生活资料主要靠大自然的恩赐。第二阶段，人类一方面靠自然界恩赐，另一方面，开始按自身需要，利用自然资源。第三阶段，人类在利用自然资源的同时，制造新的合成材料。

在第三阶段，随着人类改造自然环境能力的提高，对自然资源的开发和利用更为广泛、更为深入。尤其是从18世纪的工业化开始，人类对自然资源的开发和利用加速，消耗量猛增，开发和利用结构发生了较大的变化，能源、矿藏资源等已日益成为影响人口和生态环境的重要因素。

铁矿开采

二次大战后，世界人口空前增长，地球上自然资源的空前消耗，已引起世界各国政府和专家学者的重视。除前面提到的土地资源减少外，淡水资源的缺乏和被污染、世界森林面积急剧减少，已引起国际社会的广泛关注。更使经济学家们不安的是，由于人口迅速增加，资源消耗量已越来越接近其储量和潜力。铁矿石现在每年开采量为6亿吨，可靠储量仅1 000多亿吨，用不了200年就将开采殆尽。

20世纪40年代末，美国学者W. 福格特在《生存之路》一书中就提出了地球资源有限论。60年代末出版的P. 埃里希的《人口爆炸》一书，使悲观论达到顶点，断言地球必遭灾荒，亿万生灵涂炭。1972年罗马俱乐部也在《增长极限》研究报告中认为，人类生存和发展空间是有限的，但人口增长、粮食需求增加、自然资源消耗、环境污染加剧都是不可节制的和无限的，说人类和地球已经走到了增长的极限。

尽管上述“资源枯竭论”、“增长有限论”是缺乏根据的，但是，它反映了战后世界经济迅速发展、资源大量消耗、环境被严重破坏的客观事实，应该引起国际社会的关注。不能因为由于“资源枯竭论”、“增长有限论”形而上学而放松对世界人口增长的控制，以及对自然资源的节约和合理使用；持盲目乐观的态度，也是错误的。

国际大都市

人口，尤其是城市人口的迅速增长造成环境污染。战后，全球人口城市化趋势加快，特大城市猛增，城市群大量涌现，城市郊区日益扩大，城市内部建筑区分工愈益明显，城市功能日趋综合化，越来越多的工业设施兴建在城市和城市周围地区，使城市变成了自然环境最大的污染源。

随着人口的增加，由煤、石油、光化学造成的空气污染，由污水造成的水污染，由工业垃圾和生活垃圾造成的固体污染，由现代交通工具和工业设备造成的噪声污染，由火力发电站和原子能电站造成的热污染，以及核能工业废弃物造成的放射性污染，都对人类的健康造成严重危害，也严重制约着世界经济发展。

总之，人本身是自然界的产物，它的生存和发展受着自然环境的制约和限制。正如马克思所说的：“人作为自然的、肉体的、感性的、对象性的存在物，和动植物一样，是受动的、受制约的和受限制的存在物。”

但是，人类对自然环境也有利用、改造的作用，使生产工具演变为机器、自动化设备，穴居变成高楼大厦，茹毛饮血变成营养丰富、丰富多彩的饮食文化。然而，正是这种利用、改造大自然的活动却污染和破坏了自然环境，甚至使生态失衡。

拥挤的人群

战后，由于人口迅速增加，形成“人口爆炸”，使人类利用、改造自然的这种消极影响越来越突出，导致地球负担加重。

地球作为人类生存和发展的活动场所，正在失去平衡。地球只有一个！如果不立即行动起来拯救地球，那么总有一天，地球将成为不毛之地。到那时，人类将随之消失。

知识点

合成材料

合成材料又称人造材料，是人为地把不同物质经化学方法或聚合作用加工而成的材料，其特质与原料不同，如塑料、玻璃、钢铁等。

合成材料包括塑料、纤维、合成橡胶、黏合剂、涂料。合成纤维和人造纤维统称为化学纤维。合成塑料、合成纤维和合成橡胶号称20世纪三大有机合成技术。合成材料的登台大大地提高了国民生活水平，对国计民生的重要性是不言而喻的。

延伸阅读

马尔萨斯的人口理论

马尔萨斯（1766—1834），出生于英国工业革命开始的年代。他1784年进入剑桥大学学习历史、英语、拉丁语和希腊语，并专攻数学。1788年毕业，并获得神职。1805年担任伦敦附近的东印度学院的历史与经济学教授。1798年出版的他的著作《人口论及其对未来社会的进步的影响》。1799年他到瑞典、挪威、芬兰和俄国调查土地、粮食与人口的关系。1802年，他访问了法国和瑞士。次年，对其著作做了修改补充，出了第二版。

马尔萨斯的人口理论，有3个主要的观点，即“两个公理”、“两个级数”和“两种抑制”。

“两个公理”：第一是“食物是人类生活所必需的”；第二是“两性间的情欲是必然的，在将来也是如此”。

“两个级数”：“人口在没有阻碍的条件下是以几何级数增加的，而生活资料只能以算术级数增加。稍微熟悉数学的人就会知道，前一量比后一量要大得多”；“根据自然规律，食物是生活所必需的，这两个不相等的量就必须保持平衡”。

“两种抑制”：当人口增长超过生活资料增长，二者出现不平衡时，自然规律就强使二者恢复平衡。恢复平衡的手段，一种是战争、灾荒、瘟疫等，对此，马尔萨斯称其为“积极抑制”；另一种是要那些无力赡养子女的人不要结婚，马尔萨斯称其为“道德抑制”。

马尔萨斯的人口理论从问世开始，就遭到了猛烈的抨击。道德论者批评他的规律的残酷性，认为它不符合人类的永恒正义；生物学家批评它人口按几何级数增长的观点不可靠，认为人类越文明、越发达则增长速度就会越慢。而马尔萨斯将贫困、灾难归之为自然规律，对人类的苦痛持冷漠不关心的态度，多年来更是一直受到人们的指责。

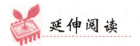

虽然马尔萨斯的人口理论存在一些问题，但是，它是第一部较为系统的人口学著作。所以，长期以来吸引各方面学者的注意。有些西方学者根据历史发展，认为该学说尽管反映了18世纪及其以前历史上人口发展的若干现象，但不能反映当时人口现象的社会原因，更没有预见到现代科学技术在提高工农业生产与科学避孕的作用。因此，也有学者认为马尔萨斯的人口学说在反映农业社会人口增长的规律基本上是正确的。

令人担忧的大气污染

空气是人类和生物一刻也不能缺少的物质条件。一个人可以几周不进食，几天不喝水，但却不能几分钟不呼吸空气。可见空气对维持生命是非常重要的，而清新的空气，则是健康的保证。

大自然有很强的自净能力，对于自然灾害，如火山爆发、海啸、森林火灾、地震等，虽使大气受到污染，但通常经过一段时间，依靠自然的自净能力，一般能够逐渐消除，使空气成分恢复到洁净状态。

火山爆发

我们所说的大气污染，是指由人类的生产和生活活动所造成的。人类向大气排放的污染物或由它转化成的二次污染物的浓度达到了有害程度的现象称为大气污染。在此情况下，空气质量降低或恶化，人们的正常生活、工作、身体健康受到严重影响。

大气污染危害严重，大气污染可能形成酸雨、造成温室效应、破坏臭氧层。

酸　雨

酸雨是 pH 值小于 5.6 的雨雪或其他形式的大气降水，是大气受污染的一种表现。最初注意的是酸性降雨，所以习惯上统称为酸雨。

酸雨使土壤、河流、湖泊酸化，鱼类繁殖生长受到严重影响。流域土壤

泰姬陵也曾遭到酸雨的腐蚀

和水体底泥中的金属可被溶解进入水中，毒害鱼类。

水体酸化还会导致水生生物的组成结构发生变化，耐酸藻类、真菌增多，而有根植物、细菌和无脊椎动物减少，有机物的分解率降低。酸雨抑制土壤中有机物的分解和氮的固定，淋洗与土壤粒子结合的钙、镁、钾等营养元素，使土壤贫瘠化。

酸雨伤害植物的新生芽叶，影响其发育生长，造成农作物减产。酸雨腐蚀建筑材料、金属结构、油漆，古建筑、雕塑像也会受到损坏。作为水源的湖泊和地下水酸化后，由于金属离子溶出，对饮用者的健康产生有害的影响。

温室效应

近年来关于全球性气候反常的报道频繁，众说纷纭。在可能引起气候变化的各种污染物中，最值得注意的是二氧化碳和粉尘。大气中二氧化碳含量增加，使地球的气温升高，人们把这一现象称为“温室效应”。

为什么大气中二氧化碳等温室气体含量增加，会使气温升高呢？一般认为自太阳辐射中的紫外线被平流层的臭氧吸收，大气中的水蒸气和二氧化碳等温室气体吸收其中的红外光，达到地球表面的可见光中的三分之一被地球表面反射到空间，三分之二被地表吸收，当地面冷却时，所吸收的光能又以长波的热辐射、红外辐射形式再辐射到空间。这种以红外辐射的长波能量、又被二氧化碳和水蒸气所吸收。

大气中水蒸气的含量基本是恒定的。二氧化碳和其他温室气体的含量都在逐年增加，其中二氧化碳的排放量很大，在吸收红外辐射能量方面起主导作用。可见光几乎全部透过二氧化碳，但它能强烈地吸收红外光。这样地球表面大气层中的二氧化碳就起到如同温室玻璃的作用，阳光可以射到温室里来，但热量却散发不出去。这种作用使地表低层大气的气温升高，这就是产生温室效应的原因。

温室效应可引起全球性气候变化，如高温、干旱、洪涝、暴风雨和热带风加剧，土壤水分变化、农牧、湿地、森林及其他生态系统变化等一系列严重后果。

二氧化碳含量增加引起了温室效应。那么如何降低二氧化碳浓度就成了人类所关注的问题。

干 旱

臭氧层的破坏

在离地面25～30千米的平流层中，有一个臭氧浓度很大的区域，称为臭氧层。

臭氧对太阳的紫外辐射有很强的吸收作用，有效地阻挡了对地表生物有伤害作用的短波紫外线，尤其是能够有效吸收波长为200～300纳米的紫外线。该波长的紫外线，能够造成人和生物细胞破坏和死亡，或使生命的遗传基因发生变异，严重地危及人和其他生物的生存。

臭氧层保护了地球生物免遭伤害，使地球生物正常生存和世代繁衍。因此，实际上可以说，直到臭氧层形成之后，生命才有可能在地球上生存、延续和发展。臭氧层是保护地球生命的天然屏障，是地表生物的“保护伞”。

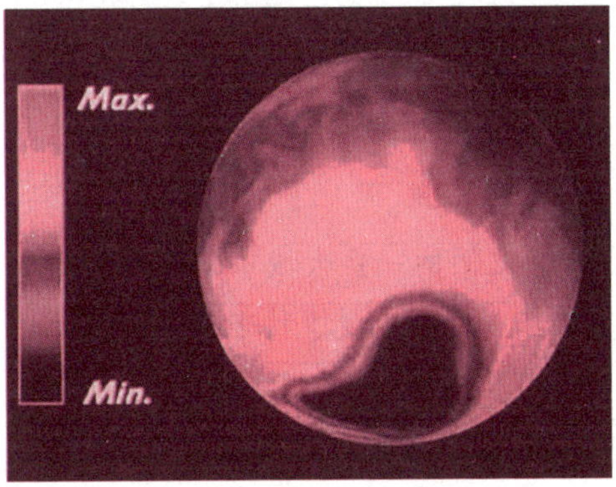

卫星照片：地球的臭氧层

臭氧对地球生命具有如此特殊重要的意义，但其在大气中只是极其微少和脆弱的一层气体。人类的活动使大气中某些化合物含量增加，逐渐消耗和破坏臭氧层。

测量表明，在过去10—15年间，每到春天南极上空的平流层臭氧都会发生急剧的大规模的耗损，极地上空臭氧层的中心地带，近95%的臭氧被破坏。从地面向上观测，高空的臭氧层已极其稀薄，与周围相比像是形成了一个“洞”，直径上千千米，“臭氧洞”就是因此而得名的。卫星观测表明，臭氧洞的覆盖面积有时甚至比美国的国土面积还要大。

科学家估计臭氧浓度减少1%，会使地面增加2%的紫外辐射量，皮肤癌的发病率增加2%～5%，同时给地球生物带来灾难。在南极上空，臭氧量急剧下降，1984年已减少约50%，形成臭氧空洞，到1991年此空洞已扩展到整个南极上空。北极上空的臭氧空洞面积也有南极地区的五分之一大。

科学家预测，人类如果不采取措施保护大气臭氧层，到2075年由于紫外线的危害，全世界将会有1.54亿人患皮肤癌，其中300多万人死亡，将有1 800万人患白内障，作物将减产7.5%，水产品将减产2.5%，材料损失将达47亿美元，光化学烟雾的发生率将增加30%，这将危及人类的生存和发展。臭氧层的重要性已引起了国际社会的普遍关注。

综上所述，酸雨、全球性气温升高和臭氧层的破坏是威胁人类生存的全球性三大污染问题。人类要可持续发展，解决这些问题迫在眉睫。

知识点

光化学烟雾

汽车、工厂等污染源排入大气的碳氢化合物和氮氧化物等一次污染物，在阳光的作用下发生化学反应，生成臭氧、醛、酮、酸、过氧乙酰硝酸酯等二次污染物。参与光化学反应过程的一次污染物和二次污染物的混合物所形成的烟雾污染现象叫作光化学烟雾。

经研究表明，在北纬60°～南纬60°之间的一些大城市，都可能发生光化学烟雾。光化学烟雾主要发生在阳光强烈的夏、秋季节。随着光化学反应的不断进行，反应生成物不断蓄积，光化学烟雾的浓度不断升高，约3～4h后达到最大值。这种光化学烟雾可随气流飘移数百千米，使远离城市的农村庄稼也受到损害。

延伸阅读

大气的演化

现代大气成分以氮、氧为主，而且各种气体成分的百分比基本维持不变，这是大气长期演化的结果。

我们现在还不能确切地说明地球形成初期的原始大气与现代大气形成间的联系，以及大气的演化过程。一些学者认为地球大气的演化经历了3个阶段。

(1) 原始大气。当地球生成初期，由于相对体积小、质量小、引力也小，由原始星云物质、气体、尘埃构成的原始大气在太阳热力、光压作用下消失殆尽。随着地球质量逐渐增大，引力增强，地球内部放射性物质受到激发，温度升高以致地球外壳物质熔融成液体状态；通过频繁活跃的火山活动，喷发出水汽、二氧化碳、一氧化碳、硫化氢、盐酸和多种化学元素。碳与氢作用生成甲烷，氮与氢作用生成氨。水汽在太阳紫外辐射作用下通过水解过程（光致离解）产生氢和氧，产生的氢逸出地球，留下的氧一部分以自由态存在，另一部分与甲烷作用形成二氧化碳和水。

(2) 二氧化碳成为大气主要成分。氧以自由态形式积累起来，并在高层形成一层薄薄的臭氧层，阻碍着紫外辐射进入低层大气，结果水解过程大为减弱。以二氧化碳为主的大气是相当稳定的，这就是第二阶段演化的地球大气。

(3) 现代大气。当地表植物体日益繁茂，自由氧数量迅速增多，不仅为臭氧层逐渐形成准备了物质基础，而且为生命有机体的进化提供了条件，同时也加速了地球表层的氧化过程以及生物体的呼吸分解过程。丰富的二氧化碳除了成为植物体进行光合作用的原料外，还有相当部分溶于海洋或其他水体，最终成为海洋生物的成分。

在地球演化过程中有大量碳化合物（动植物遗体）等被埋藏在岩石中暂时脱离碳素循环过程，导致大气中的二氧化碳大量减少，以致只占干净空气容积的0.03%，而氧的含量明显增多。同时，由火山喷发释放入大气中的氮（占总容积的4%~6%）仍保留在大气中，由于它是惰性气体，不易同其他成分化合，在大气中得到累积，以至成为大气中数量最多的成分。这样，以二氧化碳为主的还原大气转化成为地球第三代以氮、氧为主的大气。

水资源紧缺和污染

水是人类环境的主要组成部分，更是生命的基本要素。水是极其宝贵的自然资源和最重要的环境因素，是人类生活、动植物生长和工农业生产所必需的物资。水与生命关系密切，可以说没有水就没有生命。

人每天都离不开水

水是构成机体组织的重要成分。正常人体内水分约占体重的三分之二。人体内生理、生化活动所需的各种营养素，特别是无机盐类，大多可随摄入的水进入机体。

水是良好的溶剂，大部分无机物质及某些有机物质能溶解于水。水是某些物质扩散的介质，也是酶活动的基液。血液中的水执行着机体内物质运转的特殊任务。细胞内的各种代谢过程都要在水溶液内进行。

人体每天维持正常生理活动、生化代谢所需水量大约为2～3升。一个人要维持生活，每天至少要消耗40～50升水。工农业生产还要大量消耗水。因此水是极其宝贵的自然资源。

地球上总共约有13.6×10^8立方千米的水，其中海水占97.3%，冰帽和冰川占2.1%，地面水（包括江、河、湖泊）约占0.02%，地下水占0.6%，大气中的水蒸气还不到0.01%。人类各种用水基本都是淡水。地球上可供人类使用的淡水，全部地面和地下淡水量的总和，只占总水量的0.63%。

多少世纪以来，人们普遍认为水资源是大自然赋予人类的，取之不尽，用之不竭，因此不加爱惜，恣意浪费。但近年来，水资源的短缺和污染越来越严重。

水的短缺不仅制约着经济的发展，影响着人民赖以生存的粮食的产量，还直接损害着人们的身体健康，更值得提出的是，为争夺水资源，在一些地区还常会引发国际冲突。如水资源匮乏就是中东、非洲等地区国家关系紧张的重要根源之一。同一条河流的上游、下游国家常可能因为水量或水质而发生争执。

约旦河源头

阿拉伯各国素以兄弟相称，但生命攸关的水资源之争却会使他们反目成仇。阿拉伯河的主权问题，曾引发了伊朗和伊拉克之间长达 8 年之久的战争；围绕约旦河水的分配问题，约旦贝都因人对以色列人的仇恨与日俱增；在如何分配尼罗河水的问题上，埃及与苏丹、埃塞俄比亚等国之间也是争执不断；旷日持久的阿以冲突与水也有不可分割的联系。

以色列水资源奇缺，境内无大河流，南部全是沙漠，持续大量移民和经济的发展，使其缺水问题日益突出。该国除了大力推行节约用水和污水再生回用以外，也把希望寄托在从黎巴嫩南部的哈斯巴尼河截取水源，以及利用分布于约旦河西岸西部沿海地区和北部加利利地区的地下水资源。以色列拒不接受联合国安理会关于从黎巴嫩南部撤军决议的真正原因，就在于该处有丰富的地下水资源。

近年来，中东地区的人口一直以 3% 以上的速度在增长，用水量也急剧增加，加上连年干旱、用水不当和水质污染，该地区的水危机必将进一步加剧。曾有专家发出预言：如果该地区国家近期不能共同找到妥善的解决办法，中东地区的水战终将难免，该地区也将变成一个干旱和饥饿的地区。

干旱的非洲大地

非洲是地球上另一个严重缺水的地区。在世界上严重缺水的26个国家中，有11个位于非洲。近30年来，非洲的人口增长率为3%，而粮食增长率却只有2%，水资源的匮乏是粮食生产不能满足要求的主要原因之一。

因此，人们认为21世纪的战争将有可能因争夺水资源而引起。水资源问题如果得不到持久的解决，世界上许多地区的和平都将会受到影响。仅1997年这一年非洲、中东、拉美等地就有70多起事件是由水资源短缺导致的，有人预测2025年世界上将有30亿人缺水吃，到那时水比石油的价格还要贵。

同时，由于环境污染日趋严重，水质的日益恶化，全球性的水污染对所有生命都造成了极大的危害。

人体在新陈代谢的过程中，随着饮水和食物，水中的各种元素通过消化道进入人体的各个部分。

当水中缺乏某些或某种人体生命过程所必需的元素时，人体健康都会受到影响。例如，医学上的“地方性甲状腺肿”，也就是我们通常称的“大脖子病”就是由于长期饮用的水中缺碘造成的。

当水中含有有害物质时，对人体造成的危害更大。水体受各种有毒物质污染后，通过饮水和食物链造成中毒。

铬、镍、铍、砷、苯胺、苯并（a）芘、多芳烃等化学物质有致癌或诱发癌症的作用。致癌物质可以通过受污染的食物（粮食、蔬菜和鱼肉等）进入人体，还可以通过受污染的饮用水进入人体。据调查，饮用受污染水的人，肝癌和胃癌等癌症的发病率，要比饮用清洁水的高出60%左右。

当污水中含有的汞、镉等重金属元素排入河流和湖泊时，水生植物就把汞、镉等元素吸收和富集起来，鱼吃水生植物后，汞、镉等元素就在其体内进一步富集。人吃了中毒的鱼后，汞、镉等元素在人体内富集，最终使人患病甚至死亡。

毛　蚶

据世界卫生组织统计，世界疾病中80%以上与水有关。每年死亡的1 800万儿童中，约有50%的死因与饮用水污染有关。由于粪便排放到水中，曾使长江流域的毛蚶受到严重污染，在长江中、下游地区引起三次甲肝大流行，给人们带来了深重的灾难。可见水污染对人体健康已造成了严重的危害。

知识点

元　素

元素又称化学元素，指自然界中存在的100多种基本的金属和非金属物质，同种元素只由一种或一种以上有共同特点的原子组成，组成同种元素的几种原子每种原子中的每个原子的原子核内具有同样数量的质子，质子数决定元素的种类。

延伸阅读

重金属对人的危害

从环境污染方面所说的重金属是指：汞、镉、铅、铬以及类金属砷等生物毒性显著的重金属。

对人体毒害最大的有5种：铅、汞、铬、砷、镉。这些重金属在水中不能被分解，人饮用后毒性放大，与水中的其他毒素结合生成毒性更大的有机物或无机物。

重金属汞：对人主要危害神经系统，使脑部受损，造成汞中毒脑症引起的四肢麻木、运动失调、视野变窄、听力困难等症状，重者心力衰竭而死亡。中毒较重者可以出现口腔病变、恶心、呕吐、腹痛、腹泻等症状，也可对皮肤黏膜及泌尿、生殖等系统造成损害。在微生物作用下，甲基化后毒性更大。

重金属镉：可在人体中积累引起急、慢性中毒，急性中毒可使人呕血、腹痛，最后导致死亡；慢性中毒能使肾功能损伤，破坏骨骼，致使骨痛、骨质软化、瘫痪。

重金属铬：对皮肤、黏膜、消化道有刺激和腐蚀性，致使皮肤充血、糜烂、溃疡，鼻穿孔，患皮肤癌。可在肝、肾、肺积聚。

重金属砷：慢性中毒可引起皮肤病变以及神经、消化和心血管系统功能障碍，有积累性毒性作用，破坏人体细胞的代谢系统。

重金属铅：主要对神经、造血系统和肾脏有危害，损害骨骼造血系统引起贫血、脑缺氧、脑水肿，出现运动和感觉异常。

可怕的固体废物污染

固体废物是指在社会的生产、流通、消费等一系列活动中产生的，在一定时间和地点无法利用而被丢弃的污染环境的固体、半固体废弃物质。

伴随工业化和城市化进程的加快，经济不断增长，生产规模不断扩大，以及人们需求不断提高，固体废物产生量也在与日俱增，资源的消耗和浪费现象越来越严重。

固体废物的露天堆放和填埋处置，需占用大量宝贵土地。固体废物产生越多，累积的堆积量越大，填埋处置的比例越高，所需的面积也越大，如此一来，势必使可耕地面积短缺的矛盾加剧。

固体废物不是环境介质，但往往以多种污染成分存在的终态而长期存在于环境中。在一定条件下，固体废物会发生化学的、物理的或生物的转化，对周围环境造成一定的影响。如果处理、处置不当，污染成分就会通过水、气、土壤、食物链等途径污染环境，危害人体健康。

耕 地

一些有机固体废物，在适宜的湿度和温度下被微生物分解，还能释放出有害气体、产生毒气或恶臭，造成地区性空气污染。废物填埋场中逸出的沼气，在一定的程度上会消耗其上层空间的氧，从而使种植物衰败。

直接将固体废物倾倒于河流、湖泊或海洋，会缩减江河湖面有效面积，同时将使水质直接受到污染，严重危害水生生物的生存条件，并影响水资源的充分利用。

此外，在陆地堆积的或简单填埋的固体废物，经过雨水的浸渍和废物本身的分解，将会产生含有害化学物质的渗滤液，对附近地区的地表及地下水系造成污染。

城市垃圾

例如，城市垃圾不但含有病原微生物，在堆放过程中还会产生大量的酸性和碱性有机污染物，并会将垃圾中的重金属溶解出来，是有机物、重金属和病原微生物三位一体的污染源。

大部分化学工业固体废物属有害废物。这些废物中有害有毒物质浓度高，如果得不到有效处置，会对人体和环境造成很大影响。

根据物质的化学特性，当某些物质相混时，可能发生不良反应，包括热反应（燃烧或爆炸）、产生有毒气体（砷化氢、氰化氢、氯气等）和可燃性气体（氢气、乙炔等）。若人体皮肤与废强酸或废强碱接触，将产生烧灼性腐蚀；若误吸入体内，能引起急性中毒，出现呕吐、头晕等症状。

知识点

发　酵

发酵有时也写作酦酵，其定义由使用场合的不同而不同。通常所说的发酵，多是指生物体对于有机物的某种分解过程。发酵是人类较早接触的一种生物化学反应，如今在食品工业、生物和化学工业中均有广泛应用。其也是生物工程的基本过程，即发酵工程。

延伸阅读

我国耕地现状

“不断上涨的粮价，已经将世界逼迫到危险的边缘。”

2011 年 2 月 22 日，俄罗斯官员透露，可能延长将于 2011 年 7 月 1 日到期的谷物出口禁令，这已是 8 月 5 日首次发布谷物出口禁令后的第二次延期；接着是 23 日，日本农林水产省宣布，受国际市场小麦价格上涨影响，从 2011 年 4 月起，日本政府转售给国内面粉和食品加工公司的进口小麦价格将平均提价 18.5%。

面对各个粮食出口国相继提升粮价、限制出口的现象，保证粮食自足成为国家最好的稳定器。由于我国人口众多，保障我国粮食自给自足需要一定数量的耕地来保证，因此，中央一再要求保证18亿亩耕地红线不动摇。

2011年2月24日，新华社发布消息，全国人大农业与农村委员会审议《发展改革委关于落实全国人大常委会对国家粮食安全工作情况报告审议意见的报告》时透露，随着近几年城镇化进程的加速，房地产用地和企业用地不断扩张，耕地一再受到侵蚀，目前我国耕地面积仅约为18.26亿亩，比1997年的19.49亿亩减少1.23亿亩，我国人均耕地面积由10多年前的1.58亩减少到1.38亩，仅为世界平均水平的40%。

18亿亩耕地红线岌岌可危。

日益破坏的生态环境

生态环境破坏，打破了生态原有的平衡。随着植被的破坏、水土的流失、多样性生物的锐减，空气质量越来越差、气候变化越来越难以预测，人类的生存也开始失衡。

植被破坏

植被是全球或某一地区内所有植物群落的泛称。植被是生态系统的基础，为动物或微生物提供了特殊的栖息环境，为人类提供食物和多种有用物质材料。

植物群落

植被还是气候和无机环境条件的调节者，无机和有机营养的调节和储存者，空气和水源的净化者。植被在人类环境中起着极其重要的作用，它既是重要的环境要素，又是重要的自然资源。

植被破坏是生态破坏的最典型特征之一。植被的破坏不仅极大地影响了该地区的自然景观，而且由此带来了一系列的严重后果，如生态系统恶化、环境质量下降、水土流失、土地沙化以及自然灾害加剧，进而可能引起土壤荒漠化；土壤的荒漠化又加剧了水土流失，以致形成生态环境的恶性循环。

由此可见，植被破坏是导致水土流失并最终形成土壤荒漠化的重要根源。目前，全球大面积的荒漠化已严重影响了人类的生存环境。

遭到破坏的森林

森林曾经覆盖世界陆地面积的 45%。有人认为，森林是陆地生态系统的中心，在涵养水源、保持水土、调节气候、繁衍物种、动物栖息等方面起着不可替代的作用。它还为人类提供丰富的林木资源，支持着以林产品为基础的庞大的工业部门。若非森林的荫蔽，人类的远祖不知何以栖身。

虽然历史上地球的森林广阔，但到 19 世纪初全球森林面积已减少到 55 亿公顷，到 1985 年，全世界的森林面积为 41.47 亿公顷。全球每年平均损失森林面积达 1 800 万 ~2 000 万公顷。目前，森林面积已经缩小了三分之一。

造成森林破坏的原因，主要是由于人们只把森林看作是生产木材和薪柴的场所，对森林在生态环境中的重要作用缺乏认识，长期过量地采伐，使消耗量大于生长量。其次是现代农业的有计划垦殖使部分森林永久性地变成农田和牧场。

由于森林的破坏，导致某些地区气候变化、降雨量减少以及自然灾害（如旱灾、鼠虫害等）日益加剧。

据调查，在四川盆地，20 世纪 50 年代伏旱一般三年一遇，现在变为三年两遇，甚至连年出现，而且旱期成倍延长。春旱也在加剧，由 50 年代的三年一遇变为十春八旱，自古雨量充沛的“天府之国”，现在却出现了缺雨少水的现象。

黑龙江省大兴安岭南部森林被砍伐破坏后，年降雨量由过去的600毫米减少到380毫米，过去罕见的春旱、伏旱，近年来常有发生。

另据云南、贵州的统计，因森林砍伐和植被破坏，旱灾频率成倍增加。“天无三日晴”的贵州，现在是“三年有两旱”。

此外，森林的破坏，使原有的生态系统平衡失调，多样性生物锐减。给生态系统的良性循环造成重大危害。

水土流失

盐碱化的土地

随着森林的砍伐和草原的退化，土地沙漠化和土壤侵蚀日趋严重。据联合国粮农组织的估计，全世界30%～80%的灌溉土地不同程度地受到盐碱化和水涝灾害的危害，由于侵蚀而流失的土壤每年高达240×10^{8}吨。

有学者认为，在自然力的作用下，形成1厘米厚的土壤需要100—400年的时间，因而土壤侵蚀是一场无声无息的生态灾难。

我国是世界上水土流失最严重的国家之一。目前全国水土流失面积达179万平方千米，每年土壤流失总量达50亿吨。近30年来，虽然开展了大量的水土保持工作，但是总体来看，水土流失点上有治理、面上在扩大，水土流失面积有增无减，全国总耕地有三分之一受到水土流失的危害。

水土流失以黄土高原地区最为严重，该区每年通过黄河三门峡向下游输送的泥沙量达16亿吨。其次是南方亚热带和热带山地丘陵地区。此外，华北、东北等地水土流失也相当严重。例如，京、津、冀、鲁、豫五省市水土流失面积约占该地区土地总面积的50%。

植被破坏严重和水土流失加剧，也是导致1998年长江流域特大洪灾的主要原因。1957年长江流域森林覆盖率为22%，水土流失面积为36.38万平方千米，占流域总面积的20.2%。到了1986年，森林覆盖率仅剩10%，水土流失面积猛增到73.94万平方千米，占流域面积的41%。

严重的水土流失，使长江流域的各种水库年淤积损失库容12亿立方米。长江干流河道的不断淤积，造成了荆江河段的“悬河”，汛期洪水水位高出两岸数米到数十米。由于大量泥沙淤积和围湖造田，30年间使长江中下游的湖泊面积减少了45.5%，蓄水能力大为减弱。

长　江

水土流失还造成不少地区土地严重退化，如全国每年表土流失量相当于全国耕地每年剥去1厘米的肥土层，损失的氮、磷、钾养分相当于4 000万吨化肥。同时，在水土流失地区，地面被切割得支离破碎、沟壑纵横；一些南方亚热带山地土壤有机质丧失殆尽，基岩裸露，形成石质荒漠化土地。

流失土壤还造成水库、湖泊和河道淤积，黄河下游河床平均每年抬高达10厘米。水土流失给土地资源和农业生产带来极大破坏，严重地影响了农业经济的发展。

荒漠化

荒漠化作为一个生态环境问题开始引起重视，源于20世纪60年代末70年代初发生在非洲撒哈拉地带的连续干旱和随之而来的饥荒。随着人类对自然环境的影响日益加剧，荒漠化问题也越来越突出。

据联合国环境署1992的现状调查推断，全球三分之二的国家和地区、世界陆地面积的三分之一受到荒漠化的危害，约五分之一的世界人口受到直接影响。荒漠化受害面涉及到世界各大陆，最为严重的是非洲大陆，其次是亚洲。

联合国曾对荒漠化地区45个点进行了调查，结果表明：由于自然变化（如气候变干）引起的荒漠化占13%，其余87%均为人为因素所致。

撒哈拉沙漠地区

中国科学院对现代沙漠化过程的成因类型做过详细的调查，结果表明：在我国北方地区现代荒漠化土地中，94.5%为人为因素所致。荒漠化的原因主要是由于人口的激增及自然资源利用不当而带来的过度放牧、乱垦滥伐、不合理的耕作及粗放管理、水资源的不合理利用等。这些人为活动破坏了生态系统的平衡，从而导致土地荒漠化。

由上可知，荒漠化的危害是多方面的。无论是出现的频度还是广度以及所造成的经济损失，荒漠化都不亚于地震、洪水、泥石流等。

生物多样性缺失

由于人类过度地猎杀、捕获以及对栖息地的破坏，导致许多物种的灭绝和资源丧失，从而导致多样性生物的锐减。

在近几个世纪，由于工业技术的广泛应用，人类对自然开发规模和强度增加，人为物种灭绝的速率和受灭绝威胁的物种数量大大增加。已知在过去的4个世纪中，人类活动已经引起全球700多个物种的灭绝，其中包括大约100多种哺乳动物和160种鸟类。其中三分之一是19世纪前消失的，三分之一是19世纪灭绝的，另三分之一是近50年来灭绝的。

由在加利福尼亚州南部发现的化石研究表明，在北美被殖民化后的不长一段时间里，发生了包括57种大型哺乳动物和几种大型鸟类的灭绝。其中包括10种野马，4种骆驼家族里的骆驼，2种野牛，1种原生奶牛，4种象，以及羚羊、大型的地面树獭、美洲虎、美洲狮和体重可达25千克重的以腐肉为食的猛禽等。如今，这些大型动物尚存的唯一代表是严重濒危的加利福尼亚

羚 羊

神鹰。

再如，大约 1 000 年前，在波利尼西亚人统治新西兰的 200 年间，新西兰出现物种灭绝浪潮。它卷走了 30 种大型的鸟类，包括 3 米高、250 千克重的大恐鸟，不会飞的鹅，不会飞的大鹈鹕和一种鹰；同时还有一些大个体的蜥蜴和青蛙，毛海豹等。

渡渡鸟的灭绝也是一个很有名的例子。

渡渡鸟原产于印度洋马达加斯加东部的毛里求斯岛上。1507 年葡萄牙人发现这个小岛，1598 年又被荷兰人所统治。当人类入侵到这个遥远的孤岛时，殖民者把捕猎渡渡鸟当作一种游戏，采集它们的蛋。殖民者为了开垦农场，先用火烧渡渡鸟的栖息地，然后放出野猫、野猪和猴子等动物捕食渡渡鸟，结果造成渡渡鸟数量的迅速减少。

1681 年，渡渡鸟灭绝，甚至连一具完整的骨骼都没留下。牛津大学保存的唯一的一个标本也在 1755 年火灾中焚毁，灰烬中只保留了头和脚。

渡渡鸟标本

中国国家重点保护野生动物名录中受保护的濒危野生动物已经有 400 多种，植物红皮书中记述的濒危植物高达 1 019 种。实际上还有许多保护名录之外的生物物种很可能在未被人们认识之前就已经灭绝了。

知识点

泥石流

泥石流是暴雨、洪水将含有沙石且松软的土质山体经饱和稀释后形成的洪流，它的面积、体积和流量都较大。

典型的泥石流由悬浮着粗大固体碎屑物并富含粉砂及黏土的黏稠泥浆组成。在适当的地形条件下，大量的水体浸透流水山坡或沟床中的固体堆积物质，使其稳定性降低，饱含水分的固体堆积物质在自身重力作用下发生运动，就形成了泥石流。

泥石流是一种灾害性的地质现象。泥石流爆发突然、来势凶猛，可携带巨大的石块。因其高速前进，具有强大的能量，因而破坏性极大。

延伸阅读

《濒危野生动植物物种国际贸易公约》

第二次世界大战以后，世界范围内的野生动植物贸易不断发展。这种贸易的增长，对野生动植物保护产生了十分不利的影响。

1963 年，国际自然和自然资源保护同盟就呼吁制定国际公约予以控制。1973 年 2 月召开了关于缔结濒危野生动植物物种国际贸易公约的全权代表会议，并签订了《濒危野生动植物物种国际贸易公约》，因为签署地点在华盛顿，又称华盛顿公约。

《濒危野生动植物物种国际贸易公约》是世界上迄今为止几个缔约单位数最高的公约之一，参与此公约的单位并不强制要求必须是主权国家，取而代之的是以“团体”作为缔约单位，这些团体之中有些是主权国家，也有一些是区域性的政府组织，截至 2005 年 2 月为止，缔约团体的数量高达 167 个。

公约共有 25 条，4 个附录，于 1975 年 7 月 1 日起生效。

附录1列入了所有受到和可能受到贸易的影响而有灭绝危险的物种800种。这些物种标本的贸易必须加以特别严格的管理，以防止进一步危害其生存，并且只有在特殊情况下才能允许进行贸易（包括出口、进口、再出口和从海上引进）。一般应禁止贸易。

附录2列入所有那些目前虽未濒临灭绝，但如对其贸易不严加管理以防止不利其生存，就可能变成有灭绝危险的物种，和为使这些物种中的某些物种标本的贸易得到有效控制，而必须加以管理的其他物种，共有2.7万种。对此类物种的贸易应严加限制。

附录3列入任一成员方认为属其管辖范围内，应进行管理以防止或限制开发利用，而需要其他成员国合作控制贸易的物种。这三类物种不断变化，越来越多的物种被纳入第二类和第一类的范围。

由于濒临绝种的生物是被列在一本红色书皮的名单中，因此往往也被称为“动物红皮书”或“植物红皮书”。

环境问题全球化

人类对地球生态环境的破坏和污染已越过国界，将世界各国居民的命运紧紧地联在一起。

100多年前，世界最大的工业城市伦敦烟雾弥漫，空气混浊，被称为“雾都”。查理·狄更斯的著名小说《荒凉之屋》对此做了深刻的形象描写：

“处处弥漫着雾。从绿洲和草原流出的小河上，笼罩着的是雾，雾还掩盖着河的下游，那里聚积着由肮脏城市和停泊小船所倾出的污物。雾罩在埃塞克斯的沼泽上，罩在肯狄旌的高地上；雾覆盖在车场上，还飘荡在大船的帆桅四周；雾飘进格林威治退休老人的眼睛里和咽喉里，使他们在炉旁不断地喘息。”

1992年，记者马乔里·米勒报道了烟雾缭绕的墨西哥城污染状况：“安娜·路易莎·比利亚米尔早晨在叫醒4个孩子的同时关掉了整夜为卧室过滤空气的空气净化器，然后打开收音机收听早晨的烟雾预报……早晨她向窗外眺望的时候，看到的常常是阳光穿不透的灰色烟雾。尽管墨西哥城坐落在山谷海拔 7 000 英尺，但污浊的空气中常常散发出浓烟和臭鸡蛋味儿，使得几个街区以外的高层建筑的影子模模糊糊。烟雾致使眼睛发炎、鼻子流血和头痛，连健康人都不能幸免。对有些人，例如比利亚米尔的孩子，则导致慢性呼吸道疾病，咳嗽、气喘和哮喘，这种病曾使她的女儿安德烈亚只有 10 个月就住进医院。”

查理·狄更斯

显然，现在空气的污染比 18 世纪严重得多。但是，更为严重的是污染已越过国界。例如，1972 年在联合国人类环境会议上，瑞典代表团在调查报告《偷越国境的大气污染》中披露，战后前西德工业发展较快，排放到大气中的毒气占世界总量的五分之一。为了减少二氧化硫对当地居民的危害，西德极力把烟囱拔高，利用强风把污染送到 1 000 千米外。二氧化硫遇湿成雨，形成特有的“酸雨”。据统计，西德每年送往瑞典随酸雨降到地面的硫酸有 100 多万吨，致使瑞典冬季下雪呈黑色或茶色，造成木材损失每年达 450 万立方米，农田土壤变酸，不得不大量施用石灰。

海洋污染

海洋污染越过国界的事例也不胜枚举。这是因为海洋具有统一性和互相牵连性。它像大气一样，互相混杂、互相转移负担，互相净化或毒化，在不断的海流中和不测的风浪中交织成一片汪洋大海，而各国将废物倒入海洋后就会从这个国家流向那个国家，形成污染的扩散。

例如，农业上所用的杀

虫剂，特别是氯化烃类，如滴滴涕，流入海洋，随着海流奔向各处，而且在海洋生物中沿食物链逐步地浓缩。这些氯化烃甚至影响到远离农业耕作区的南极动物，也在北极熊体内和格陵兰以东捕获的20条来自北极海流中的鲸鱼脂肪中有所发现。

核废料库（美国）

甚至，有些污染通过地下水越过国界。例如，3家美国公司在墨西哥美国边境设立核废料库。第一个核废料库计划建在距北布拉沃河24千米、墨西哥科阿韦拉州的阿库尼亚城和美国德赖登镇附近。第二个核废料库将设在距布拉沃河27千米、墨西哥科阿韦拉州彼德拉斯内格拉斯东北48千米处。第三个是弱放射性核废料库，将建在离北布拉沃河32千米的谢拉布兰卡镇附近。

墨西哥地质学家胡安·曼努埃尔·贝兰加在彼德拉斯内格拉斯说，令我们担忧的是，其中两座核废料库会通过地上水或地下水或空气中的尘埃对得克萨斯南部和墨西哥北部造成污染。墨西哥政府为此提出了抗议。1992年3月21日在连接阿库尼亚和彼德拉斯内格拉斯与伊格尔关口的国际大桥上，墨美两国公众都举行了示威游行，高呼“不要杀害我们的孩子”、“不要设立核废料库”的口号。

必须指出的是，我们赖以生存的自然界平衡极为脆弱。就气候来说，太阳的幅射，地球热能的交换，海洋的普遍影响以及冰层的冲击，都是极为巨大的，往往超越国界，在任何人为的直接影响之上。它的极小变化就能使地球的整个生态系统失去平衡。

地球能量的平衡只需很小的变化，就能改变平均温度2℃。若是降2℃，就是另一个冰河时代，若是升2℃，又回到无冰时代，无论在哪种情况下产生的许多影响都是不分国界的，而是全球性的和灾难性的。

总之，环境破坏和污染已日益国际化、全球化，它日益使人类结成命运共同体。人类不仅要“共享”地球赋予的丰富自然资源和优美环境，还要保护地球。使其免遭破坏和污染，为建立理想的生存和发展环境而努力。这是人类的共同利益所在，也是人类面临的共同责任。

知识点

冰河时代

冰河时代是指具有强烈冰川作用的地史时期，又称冰川期。

冰川期有广义和狭义之分，广义的冰期又称大冰期，狭义的冰期是指比大冰期低一层次的冰期。大冰期是指地球上气候寒冷，极地冰盖增厚、广布，中、低纬度地区有时也有强烈冰川作用的地质时期。

大冰期中气候较寒冷的时期称冰期，较温暖的时期称间冰期。大冰期、冰期和间冰期都是依据气候划分的地质时间单位。

在地质史的几十亿年中，全球至少出现过3次大冰期，公认的有前寒武纪晚期大冰期、石炭纪—二叠纪大冰期和第四纪大冰期。

冰川活动过的地区，所遗留下来的冰碛物是冰川研究的主要对象。第四纪冰期冰碛层保存最完整，分布最广，研究也最详尽。

延伸阅读

核废料的处理

核废料，泛指在核燃料生产、加工和核反应堆用过的不再需要的并具有放射性的废料。也专指核反应堆用过的乏燃料，经后处理回收^{239}钚等可利用的核材料后，余下的不再需要的并具有放射性的废料。

核废料按物理状态可分为固体、液体和气体3种；按比活度又可分为高水平（高放）、中水平（中放）和低水平（低放）3种。

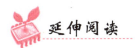

核废料的特征是：

1. 放射性。核废料的放射性不能用一般的物理、化学和生物方法消除，只能靠放射性核素自身的衰变而减少。

2. 射线危害。核废料放出的射线通过物质时，发生电离和激发作用，对生物体会引起辐射损伤。

3. 热能释放。核废料中放射性核素通过衰变放出能量。当放射性核素含量较高时，释放的热能会导致核废料的温度不断上升，甚至使溶液自行沸腾，固体自行熔融。

在核工业产生的废物中99%属于中低放废物，处理起来相对容易。而剩下的1%含有多种对人体危害极大的高浓度放射性核素，其中一种被称为钚的核素，只需摄入10毫克就能让人致死。其毒性尚不能用普通的物理、化学或生物方法使其降解或消除，只能靠自身的放射性衰变慢慢减轻其危害。

高放核废物要达到无害化需要数千年、上万年甚至更长的时间。在现阶段深地层处置是高放核废物处置最现实的一种方法，即在地下建造一个处置库。

为了保障核素不会向外迁移，必须设置层层屏障。首先将高放废液进行玻璃固化，再将玻璃固化体装入金属罐。在处置库中这些废物罐周围充填有回填材料。同时还要找到一块巨大的天然岩石做处置库的外壳。因为稳定完整的岩体才是确保核素不向外迁移的最强有力的保证。

环境保护，刻不容缓

在严重的挑战面前，有人认为人类可以到其他星球去寻找生存和发展的新场所。其实，迄今为止，在茫茫的宇宙中，人类还未发现适合自身存在和发展的任何其他星球。即使这样的星球存在，人类是否有那么先进的技术和庞大的财力实现整个人类的大迁徙，也是值得怀疑的。

问题在于，人类为什么不能现在就采取措施，避免不幸日子的到来，而要寄希望于遥远而渺茫的将来，寄希望于另一个地球的发现？地球只有一个。人类应以此为起点迎接挑战。

美国《洛杉矶时报》曾以“大地母亲生活中的一日”为题报道了世界各地一天之中发生的事情：

烟雾笼罩的城市

——世界各国70%的城市居民，即15亿人，呼吸着不卫生的空气。至少有800人由于空气污染而过早死亡。

——5 600万吨二氧化碳排入大气层，大部分是通过使用矿物燃料和焚烧热带雨林排放的。

——至少15 000人死于不安全的水造成的疾病，其中大部分是儿童。

——从世界的江河湖海中捕捞5亿多磅鱼类和贝壳类动物，足以装满63万台冰箱。

——12 000多桶石油泄漏到世界的海洋，足以注满25个游泳池。约1 724万千克垃圾被从船上丢入海中。

——180平方英里的森林消失。多达140种植物、动物和其他生物灭绝，主要原因是森林和珊瑚遭到破坏。

——63平方英里的土地由于放牧过度和风蚀水冲而成为不毛之地。世界的农田丧失约6 600万吨表土。

——为使已退化的农田生产更多的粮食，世界各地使用近40万吨化肥。

——世界各国生产的商品和提供的服务约达550亿美元。

——近14万辆各种新汽车加入已经行驶在世界各国公路上的5亿辆汽车的长龙。

——世界上的商用核反应堆，发电量约占世界能源消费量的5%，产生的核废料达20多吨。

——世界各国军事开支达25亿多美元，计划生育开支为1 200万美元。

——每天有25万人出生，其中亚洲14万，非洲7.5万，拉丁美洲2.2万，其他地区1.3万。

人类的上述活动已使地球上的动植物遭受厄运。地理学家克劳德指出，

雨　林

我们再也不能把地球这颗小行星当作一个无穷无尽的舞台，当作可以为人类提供各种资源、对每一种需要都慷慨给予而没有极限的母亲了。

联合国教科文组织东南亚办事处撰写了一份报告，警告说，如果听任全球气候大变暖的情况发生，那么，由于干旱的加剧，单是温室效应就会导致雨林永远丧失。森林毁坏得越多，全球气候变暖过程就越难以制止。

华盛顿气候研究所的托平博士警告人们，随着人类活动与气候变化，海平面上升的幅度将超过人们所担忧的程度。到2100年，上海、亚历山大、香港、里约热内卢、东京等大城市将被海水淹没。因此，许多有识之士呼吁，保护地球生态环境刻不容缓。

知识点

雨　林

雨林是雨量甚多的生物区系。

雨林依位置的不同分热带雨林和温带雨林。雨林大多数靠近赤道；在赤道经过的非洲、亚洲和南美洲都有大片的雨林。湿润的气候保证了树和其他植物的快速生长。同时，树和其他植物也为雨林中的成千上万种生物提供了食物和庇护所。此外还有亚热带雨林，该处有雨季和旱季之分，有温度和日照的季节变化。

亚热带雨林的树木密度和树种均较热带雨林稍少。其他雨林类型还有：红树雨林、平原湿地森林和洪泛森林等。

延伸阅读

化肥对土壤的破坏

1. 重金属和有毒元素有所增加

从化肥的原料开采到加工生产，总是给化肥带进一些重金属元素或有毒物质。以磷肥为例。

目前我国施用的化肥中，磷肥约占20%。磷肥的生产原料为磷矿石，它含有大量有害元素氟和砷，同时磷矿石的加工过程还会带进其他重金属汞、镉等。

另外，利用废酸生产的磷肥中还会带有三氯乙醛，对作物造成毒害。研究表明，无论是酸性土壤、微酸性土壤还是石灰性土壤，长期施用化肥会造成土壤中重金属元素的富集。比如，长期施用硝酸铵、磷酸铵、复合肥，可使每千克土壤中砷的含量达50~60毫克。同时，随着进入土壤镉的增加，土壤中有效镉含量增加，作物吸收的镉量也增加。

2. 微生物活性降低，物质难以转化及降解

土壤微生物是个体小而能量大的活体。它们既是土壤有机质转化的执行者，又是植物营养元素的活性库，具有转化有机质、分解矿物和降解有毒物质的作用。

试验表明，施用不同的肥料对微生物的活性有很大的影响。土壤微生物数量、活性大小的顺序为：有机肥配施无机肥 > 单施有机肥 > 单施无机肥。

3. 养分失调，硝酸盐累积

目前，我国施用的化肥以氮肥为主，而磷肥、钾肥和复合肥较少。长期施用化肥造成土壤营养失调，加剧土壤磷、钾的耗竭，导致硝酸盐氮（NO_3-N）累积。硝酸盐氮本身无毒，但若未被作物充分同化可使其含量迅速增加，摄入人体后被微生物还原为硝酸根离子，使血液的载氧能力下降，诱发高铁血红蛋白血症，严重时可使人窒息死亡。同时，硝酸盐氮还可以在体内转变成强致癌物质亚硝胺，诱发各种消化系统癌变，危害人体健康。

4. 酸化加剧，pH值变化太大

长期施用化肥加速土壤酸化。一方面与氮肥在土壤中的硝化作用产生硝

酸盐的过程相关。

首先是铵转变成亚硝酸盐，然后亚硝酸盐再转变成硝酸盐，形成氢离子，导致土壤酸化。另一方面，一些生理酸性肥料，比如磷酸钙、硫酸铵、氯化铵在植物吸收肥料中的养分离子后，土壤中氢离子增多，许多耕地土壤的酸化和生理性肥料长期施用有关。

同时，长期施用氯酸钾，因作物选择吸收所造成的生理酸性的影响，能使缓冲性小的中性土壤逐渐变酸。

此外，氮肥在通气不良的条件下，可进行反硝化作用，以氨气、氮气的形式进入大气，大气中的氨气、氮气可经过氧化与水解作用转化成硝酸，降落到土壤中引起土壤酸化。

化肥施用促进土壤酸化现象在酸性土壤中最为严重。土壤酸化后可加速钙、镁从耕作层淋溶，从而降低盐基饱和度和土壤肥力。

人类的警醒

RENLEI DE JINGXING

面对严峻的地球问题，保护地球、治理环境问题是当务之急。这不是一个人的事情，也不是一个国家的事情，而是每一个地球人的事情。

在防治环境问题的过程中，要加强国际合作，共同保护我们的地球家园，维护人类与环境的可持续发展。要加强环境保护宣传，提高每个人的环境意识，让大家自觉地节约资源、爱护环境。在建立环境保护体系的过程中，还要依靠法律、经济等各种手段。尽管绿色的道路并不平坦，重建地球家园要用几十年、几百年甚至更长的时间，可是保护环境的可持续发展，留给子孙后代一个绿色的地球是我们的责任。

罗尔斯顿在谈到人类对维持地球自然生态的责任时说："生态系统里有，而且应该有整个系统的互相依赖性、稳定性与一致性。它们在自然界里的完成与道德无关……人类应该尽可能地保存生物群落的丰富性。它是属于人类的义务。"

环境问题的提出

地球和大自然造就了人类。人类自从成为地球的主人，便对大自然这个人类赖以生存和发展的环境进行各种各样的伟大改造，并在实践中创造了灿烂的文明，开创了宇宙的新纪元。

人类凭借自由的手、交流的语言和发达的大脑，在地球的生物竞争中掌握了绝对优势，所向无敌。

人类对自然改造的每一次“胜利”，总是伴随着对生态环境的破坏。伟大的生物学家朱利安·赫胥黎曾指出，不管愿意不愿意，人类的作用在于引导地球的演变过程，其任务是将这一过程引向进步方向，始终朝着它前进。那么，人类能否趋利避害完成这项非凡的使命，加倍爱护我们赖以生存的地球，并不断地改善所处的生态环境，使地球的绿色永远鲜亮艳丽呢？

人类对大自然索取的速度加快，而且越来越快，对地球的压力也越来越大。在对地球、对大自然的改造进程中，出现了一系列的问题。

全球环境问题最早提出于 1984 年。1985 年在南极上空出现“臭氧空洞”以后，又被美国人证实，至此构成了第二次世界环境问题的浪潮。

这一阶段环境问题的特点是相继出现“全球性的环境问题”，如“全球变暖”、“臭氧层破坏”、“酸沉降”、“海洋污染”、“土壤沙化”、“危险废弃物越境转移”、“植被破坏物种灭绝”、“资源危机”以及“人口问题”和“城市化问题”等等。这些问题不仅对某个国家、某个地区造成危害，而且对人类赖以生存的整个地球环境造成危害。

环境问题是自人类出现而产生的，又伴随人类社会的发展而发展，老的问题解决了，新的环境问题又出现了。虽然目前环境问题已经受到广泛重视，但新的环境问题依然层出不穷。人与环境的矛盾是不断发生、不断变化、永无止境的。这就是人类发展与环境的辩证关系。

环境问题就其性质而言，首先是具有不断发展和不可根除性，它与人的欲望、经济的发展、科技的进步同时产生、同时发展。其次是环境问题的范围广泛而全面，它存在于生产、生活、政治、工业、农业和科技等各个领域。

环境对人类行为具有反作用，迫使人类在生产方式、生活方式、思维方式等一系列问题上进行改变。使人类认识并重视生态环境与经济可持续发展的关系。

环境问题的另一个属性是可控性，即人们可以通过宣传教育提高环境意识，充分发挥人的智慧和创造力，借助法律的、经济的、技术的手段把环境问题控制在影响最小的范围内。环境问题既然是由于人类活动而产生的，也就可以由人类去阻止它的扩大。

人类经过了对自然顶礼膜拜、唯唯诺诺的漫长历史阶段之后，通过工业革命，铸就了驾驭和征服自然的现代科学技术之剑，从而一跃成为大自然的主宰。可就在人类为科学技术和经济发展的累累硕果津津乐道之时，却不知不觉步入了自身挖掘的陷阱。种种始料不及的环境问题击破了单纯追求经济增长的美好神话，固有的思想观念和思维方式受到强大冲击，传统的发展模式面临严峻挑战。历史把人类推到了必须从工业文明走向现代新文明的发展阶段。可持续发展思想在环境与发展理念的不断更新中逐步形成。

令人忧心的环境问题

我国春秋战国时期的思想家孟子、荀子，就有对自然资源休养生息，以保证其永续利用等朴素可持续发展思想的精辟论述。西方早期的一些经济学家如马尔萨斯、李嘉图等，也较早认识到人类消费的物质限制，即人类经济活动存在着生态边界。

20 世纪中叶，随着环境污染的日趋加重，特别是西方国家公害事件的不断发生，环境问题频频困扰人类。

20 世纪 50 年代末，美国海洋生物学家蕾切尔 · 卡逊在潜心研究美国使用杀虫剂所产生的种种危害之后，于 1962 年发表了环境保护科普著作《寂静的春天》。作者通过对污染物富集、迁移、转化的描写，阐明了人类同大气、海洋、河流、土壤、动植物之间的密切关系，初步揭示了污染对生态系统的影响。

卡逊还向世人呼吁，我们长期以来行驶的道路，容易被人误认为是一条可以高速前进的平坦、舒适的超级公路，但实际上，这条路的终点却潜伏着灾难，而另外的道路则为我们提供了保护地球的最后唯一的机会。

这“另外的道路”究竟是什么样的，卡逊没能确切告诉我们，但作为环境保护的先行者，卡逊的思想在世界范围内，较早地引发了人类对自身的传统行为和观念进行比较系统和深入的反思。

1968 年，来自世界各国的几十位科学家、教育家和经济学家等学者聚会罗马，成立了一个非正式的国际协会——罗马俱乐部，他们发表了第一份研究报告——《增长的极限》。

《增长的极限》一发表，在国际社会特别是在学术界引起了强烈的反响。该报告所表现出的对人类前途的“严肃的忧虑”以及唤起人类自身的觉醒，其积极意义是毋庸置疑的。它所阐述的“合理的、持久的均衡发展”，为孕育可持续发展的思想萌芽提供了土壤。

知识点

酸沉降

酸沉降是指大气中的酸性物质以降水的形式或者在气流作用下迁移到地面的过程。酸沉降包括“湿沉降”和“干沉降”。湿沉降通常指 pH 值低于 5.6 的降水，包括雨、雪、雾、冰雹等各种降水形式。最常见的就是酸雨，这种降水过程称为湿沉降。干沉降是指大气中的酸性物质在气流的作用下直接迁移到地面的过程。目前，人们对酸雨的研究较多，已将酸沉降与酸雨的概念等同起来。

延伸阅读

托马斯·赫胥黎

托马斯·赫胥黎（1825 年 5 月 4 日—1895 年 6 月 29 日），英国著名博物学家，达尔文进化论最杰出的代表，出生在英国一个教师的家庭。早年的赫胥黎因为家境贫寒而过早地离开了学校。但他凭借自己的勤奋，靠自学考进了医学院。

1845 年，赫胥黎在伦敦大学获得了医学学士学位。毕业后，他曾作为随船的外科医生去澳大利亚旅行。也许是因为职业的缘故，赫胥黎酷爱博物学，并坚信只有事实才可以作为说明问题的证据。

赫胥黎发表过 150 多篇科学论文，如《人类在自然界的位置》《动物分类学导论》《非宗教家的宗教谈》《进化论与伦理学》等。内容不仅包括动物学和古生物学，而且涉及地质学、人类学和植物学等方面。他对海洋动物的研究尤为著名，曾指出腔肠动物的内外两层的体壁相当于高等动物的内外两胚层。

赫胥黎是达尔文学说的积极支持者。他竭力宣扬进化论，与当时的宗教势力进行激烈的斗争，进一步发展了达尔文的思想，是最早提出人类起源问题的学者之一。

1893 年，他应友人邀请，到牛津大学做了一次著名的讲演，题为“演化论与伦理学”，主要讲述了有关演化中宇宙过程的自然力量与伦理过程中的人为力量相互激扬、相互制约、相互依存的根本问题。对于生物发生、生物进化作出了科学的解释，比达尔文的《物种起源》迈进了一大步。

我国近代启蒙思想家、翻译家严复（1853—1921）译述了赫胥黎的部分著作，名曰“天演论”，以“物竞天择，适者生存”的观点号召人们救亡图存，“与天争胜”，对当时思想界有很大影响。

“可持续发展”的提出

“可持续发展”最早是由生态学家根据生态环境的可承受能力或者叫环境容量提出来的。

生态环境是一个复杂的、开放的、动态系统，它具有自我调节的能力。当受到外界影响造成局部破坏后，能在一定时间内由环境自身调节而恢复其原有的功能。但这一能力是有限的，或者说生态环境是有一定承受极限的。当外界影响超过这一极限时将造成生态环境的长久破坏或永久不可逆转的破坏。

所以，外界的影响无论是自然的、还是人为的作用，都必须限制在这一

生态环境具有自我调节的能力

极限范围之内才能维持生态的可持续性。

人与环境是对立的统一体。人是自然界进化过程的一个产物，是生态环境中的一个成员。人类依赖于自然环境生存、生活和发展。所以，在人与环境的关系中首先必须认识清楚“人是自然界的一部分而并非大自然的主宰”；人类的一切行为不可超越自然。

20 世纪 70 年代之前，经济发展被理解为工业化水平的快速提高和保持高速持续的经济增长率，只强调国民经济总值的增加而忽视贫富两极的分化，出现了贫富悬殊；忽视了环境问题出现了公害和资源短缺的危机。

20 世纪 70 年代以后，人们才开始逐渐认识到粗放型增长模式严重地阻碍着经济发展和人民生活水平的提高，并威胁着全人类未来的生存和发展。从而开始强调均衡地发展社会经济，注意人民生活水平和质量的提高。逐渐实现由单一的经济增长战略向多元化的社会经济发展战略目标转移。

斯德哥尔摩

1972 年，113 个国家的代表云集瑞典斯德哥尔摩，召开了联合国人类环境大会，发表了《人类环境宣言》，确定了每年 6 月 5 日为“世界环境日”。这是首次讨论和解决环境问题的全球性会议。此次会议之际世界正处于冷战时期，东、西两大阵营战火频仍，使这样的科技大会也被涂上了浓重的政治色彩。会议上发展中国家强调美苏两个超级大国在发展工业时给环境造成了巨大污染。

此后的 20 年中，联合国为世界环境保护问题做了大量的工作。1982 年肯尼亚大会；1983 年联合国成立世界环境与发展委员会。1987 年发表《我们共同的未来》的长篇报告中提出，全球经济发展要附合人类的需要和合理的欲望，但增长又要附合地球的生态极限。它还热烈地呼唤“环境与经济发展的新时代”的到来，并且指出：“人类有能力实现持续发展——确保在满足当代需要的同时不损害后代满足他们自身需要的能力。”

这是人类通过对人口、资源、环境与发展关系的深刻认识之后，首次在文件中正式使用“可持续发展”的概念。

1989 年联合国开始筹划召开一次环境与发展会议，讨论如何实现可持续发展。经过两年时间，来自世界各地的专家进行了卓有成效的工作，拟定了一系列协定，为通向里约热内卢铺平了道路。

联合国环境与发展大会，1992 年在巴西里约热内卢召开。这次会议是一次史无前例的盛会，共有 179 个国家的首脑或高级官员与会，会上通过了《21 世纪议程》这一指导人类未来行为的全球性纲领。这一纲领使全世界的注意力都集中在当今地球所面临的最严重问题上，让各国共同面对环境与发展问题。

里约热内卢环境与发展大会标志着人类对环境与发展问题的认识有了质的飞跃。

里约热内卢

可持续发展的定义，从字面上讲，“发展”是事物向更高更好更先进的阶段进化；“持续”是维持长久、不间断、不减弱或不失去动力；“持续发展”是指发展的状态是否长久；“可持续发展”则是指发展的能力，发展可不可能持续，可不可以持续。

针对环境问题所提出的“可持续发展”，1987 年《我们共同的未来》报告之中有如下定义：“既能满足当代人的需要，又不对后代人满足其自身需要的能力构成危害的发展”。

1991 年国际自然资源保护同盟、联合国环境署和世界野生动物基金会联合发表的《保护地球——可持续发展战略》中将其定义为：“在不超出支持它的生态系统的承载力的情况下改善人类的生存质量。”

总之，“可持续发展”的实际意义是，人们希望寻找到一条能使人口、经济、社会、环境、资源长期相互协调的发展之路。它既能促进经济增长、社会进步，又能满足人类对生活水平不断提高的欲望；在保护好环境使其不超过地球的承载能力的情况下，又能保证对后代人的需求不构成危害。

知识点

联合国

联合国，是一个由主权国家组成的国际组织。总部设在美国纽约。在 1945 年 10 月 24 日在美国旧金山签订生效的《联合国宪章》标志着联合国正式成立。在第二次世界大战前，存在着一个类似于联合国的组织国际联盟，通常可以认为是联合国的前身。

联合国作为当今世界最大、最重要、最具代表性和权威的国际组织，其国际集体安全机制的功能已经得到国际社会的普遍认可。近年来，联合国在维护世界和平，缓和国际紧张局势，解决地区冲突方面，在协调国际经济关系，促进世界各国经济、科学、文化的合作与交流方面，都发挥着积极作用。

延伸阅读

世界环境日及历年主题

世界环境日为每年的6月5日。它的确立反映了世界各国人民对环境问题的认识和态度，表达了人类对美好环境的向往和追求。它是联合国促进全球环境意识、提高政府对环境问题的注意并采取行动的主要媒介之一。

联合国环境规划署每年6月5日选择一个成员国举行“世界环境日”纪念活动，发表《环境现状的年度报告书》及表彰“全球500佳”，并根据当年的世界主要环境问题及环境热点，有针对性地制定每年的“世界环境日”主题。2011年世界环境日中国主题为“共建生态文明，共享绿色未来”。

历年世界环境日主题：

1974——只有一个地球

1975——人类居住

1976——水：生命的重要源泉

1977——关注臭氧层破坏，水土流失

1978——没有破坏的发展

1979——为了儿童和未来——没有破坏的发展

1980——新的十年，新的挑战——没有破坏的发展

1981——保护地下水和人类的食物链，防治有毒化学品污染

1982——斯德哥尔摩人类环境会议十周年——提高环境意识

1983——管理和处置有害废弃物，防治酸雨破坏和提高能源利用率

1984——沙漠化

1985——青年、人口、环境

1986——环境与和平

1987——环境与居住

1988——保护环境、持续发展、公众参与

1989——警惕全球变暖

1990——儿童与环境

1991——气候变化—需要全球合作

1992——只有一个地球——齐关心，共同分享

1993——贫穷与环境——摆脱恶性循环

1994——一个地球，一个家庭

1995——各国人民联合起来，创造更加美好的未来

1996——我们的地球、居住地、家园

1997——为了地球上的生命

1998——为了地球上的生命——拯救我们的海洋

1999——拯救地球就是拯救未来

2000——环境千年，行动起来吧！

2001——世间万物　生命之网

2002——让地球充满生机

2003——水，20 亿人生命之所系

2004——海洋存亡　匹夫有责

2005——营造绿色城市，呵护地球家园

中国主题：人人参与 创建绿色家园

2006——莫使旱地变荒漠

中国主题：生态安全与环境友好型社会

2007——冰川消融，后果堪忧

中国主题：污染减排与环境友好型社会

2008——转变传统观念，推行低碳经济

中国主题：绿色奥运与环境友好型社会

2009——地球需要你：团结起来应对气候变化。”

中国主题：减少污染，行动起来

“可持续发展”的基本内容

里约热内卢会议产生了两项国际公约、两项国际声明和一个主要行动议程共 5 个文件。这 5 个文件中，《关于环境与发展的里约热内卢宣言》确定

了各国寻求人类发展和繁荣的权利和义务。综合起来共有四个方面，可以把它看成是“可持续发展”的基本内容。

1. 人类方面。首先人有权在与自然和谐相处中享受健康，丰富生活。但今天的发展绝不能损害现代人和后代人在环境与发展中的需求。

人类首先要明确自己在自然界的地位“人是生态系统的一个成员”，人也是环境系统的主要因素。人类必须约束自己的行为，控制人口增长使之更有利于与环境协调发展，在自然界中能长期生存下去。

2. 经济可持续发展。传统的经济发展模式是一种单纯追求经济无限“增长”，追求高投入、高消费、高速度的粗放型增长模式。这种发展模式是建立在只重视生产总值，而忽视资源和环境的价值，无偿索取自然资源的基础上的，是以牺牲环境为代价的。这样的“增长”必然受到自然环境的限制。

因此，单纯的经济增长即使能消除贫困也不足以构成发展，况且在这种经济模式下又会造成贫富悬殊两极分化。所以这样的经济增长只是短期的、暂时的，而且势必导致与生态环境之间矛盾日益尖锐。

现在衡量一个国家的经济发展是否成功，不仅以它的国民生产总值为标准，还需要计算产生这些财富的同时所消耗的全部自然资源的成本和由此产生的对环境恶化造成的损失所付出的代价，以及对环境破坏承担的风险。这一正一负的价值总和才是真正的经济增长值。

经济发展是人类永久的需要，是人类社会发展的保障。而经济的持续发展必须与环境相协调。它不仅追求数量的增加，而且要改善质量、提高效益、节约能源、减少废物、改变原有的生产方式和消费方式（实行清洁生产、文明消费）。

也就是说，在保持自然资源的质量和其所提供的服务的前提下，使经济发展的净利益增加到最大限度。

3. 社会可持续发展是人类发展的目的。社会发展的实际意义是人类社会的进步，人们生活水平和生活质量的提高。发展应以提高人类整体生活质量为重点。当前世界大多数人仍处于贫困和半贫困状态，所以《21 世纪议程》中提出，持续发展必须消除贫困问题，缩小不同地区生活水平的差距，通过使贫穷的人们更容易获得他们赖以生存的各种资源达到消除贫困的目的。使

非洲饥民

富国与穷国的发展保持平衡，是实现社会可持续发展的必要条件，是符合大多数人的利益的。

社会的发展还应体现公平的原则：既要体现当代人在自然资源和物质财富分配上的公平（不同国家、不同地区、不同人群之间要力求公平合理），也要体现当代人与后代人之间的公平。当代人必须在考虑自己发展的同时给后代人的发展留有余地。

4. 生态环境的可持续发展。环境与资源的保障是可持续发展的基础。

树立正确的生态观，掌握自然环境的变化规律，了解环境容量及其自净能力，才能使人与自然和谐相处，使人类社会持续发展。各国有开发自己本国资源的权力，但不能造成对环境的危害。

为保护环境各国应依照本国国力加强预防措施。如果造成境外损害应依照国际法给予赔偿。为实现持续发展各国对环境必须纳入发展计划，使其成为经济发展的一部分，而不能孤立地看待它。人类社会和经济的发展不可对环境做重大改变，不能危及生态平衡。

总之，生态环境的可持续性，是在不超过生态环境系统更新再生能力的基础上的发展。人类的发展应与地球的承载力保持平衡，人类的生存环境才能得以持续。

可见，持续发展包括经济持续、生态持续和社会持续三方面内容，其中生态持续是基础，经济持续是重要保证条件，社会持续是发展的目的。

可持续发展的基本精神是：全球携起手来共同努力，发展经济满足人们的基本需求。在提高全民生活水平和生活质量的同时也必须保护和管理好生态环境，让人们世世代代在地球上生活下去。

可持续发展的基本原则是强调发展、强调协调、强调公平。只有正确理解环境与发展的关系，才能使得发展在经济上是高效的，在社会上是平等的、负责的，在环境上是合理的。

真正实施可持续发展是漫长而艰辛的，人类所面临的是如何将里约精神转变成各国的行动。不容否认，在落实的过程中还存在许多不尽如人意之处，比如一些发达国家在落实经济援助上并未遵守承诺，也有些发达国家为维护本国利益而不顾全局，以援助不发达国家的名义又将自己国家的污染物转嫁到他国，继续破坏那里的环境，掠夺那里的资源；而不发达国家则在控制人口增长方面，提高人民生活水平方面上差距仍很大，并且在发展经济的同时为了眼前的利益而牺牲环境，走发达国家老路的现象也时有发生……

知识点

国民生产总值

国民生产总值，简称GNP，是指一个国家（地区）所有常住机构单位在一定时期内（年或季）收入初次分配的最终成果。

一个国家常住机构单位从事生产活动所创造的增加值（国内生产总值），在初次分配过程中主要分配给这个国家的常住机构单位，但也有一部分以劳动者报酬和财产收入等形式分配给该国的非常住机构单位；国外生产单位所创造的增加值也有一部分以劳动者报酬和财产收入等形式分配给该国的常住机构单位，从而产生了国民生产总值概念。它等于国内生产总值加上来自国外的劳动报酬和财产收入减去支付给国外的劳动者报酬和财产收入。

延伸阅读

不断拉大的全球贫富差距

在近十几年来的全球经济一体化中，虽然有1.37亿的穷人脱离了贫困线（平均每天收入低于1美元），但从总的情况看，一些国家的贫富差距、富人与穷人的差距，乃至发达国家内贫富差距，不但没有缩小，反而在加大。2009年，西方七国集团总共占世界人口的11%，但是GDP却占世界36万亿美元的65%；而世界其余地区，人口占世界的89%，而GDP仅为35%。差距最大的地区是亚洲和太平洋地区。该地区的人口占世界人口的52%，但是GDP仅占8%。拉丁美洲和加勒比地区的人口占世界的9%，GDP占5%。撒哈拉以南非洲地区占世界人口的11%，GDP只占1%，仅为4 000亿美元。

世界财富的很大一部分集中在美国，大约占30%。全球1%最富有的家庭中，40%在美国；30%在欧洲；另外30%在富裕的亚太地区，其中包括日本和澳大利亚等国。贫富差距的扩大是社会分裂最重要的指标，但是社会的分裂并不仅仅是财产的差距。在教育、医疗、卫生、就业、信息、信贷等方面，社会中的一部分与另外一部分的差距，同样在迅速扩大着。

有关资料表明，近些年来，绝大多数最不发达国家除了得到国际社会的捐赠和多边经济援助之外，几乎吸引不到任何国外直接投资。占世界人口10%的最不发达国家在全球贸易中所占的份额只有0.3%，几乎到了可以忽略不计的程度。在这方面，非洲地区面临的形势更为严峻。近几年来非洲的经济增长虽然有所加快，但非洲的GDP仅占全世界的1%，其贸易额仅占世界贸易总额的2%，一些国家的人均实际收入大大低于40年前的水平。极端贫困人口由2.27亿增加到3.15亿。

另外，联合国人类住区规划署在世界人居年度报告中指出，贫民窟已对人类构成巨大挑战。如果不采取有效措施应对，城市贫困化现象将越来越严重。

这份题为“贫民窟的挑战”的报告分析了全球人居现状，指出全球现有10亿人居住在条件恶劣的贫民窟里，占世界城市人口的32%。报告说，按人口绝对值计算，亚洲有6亿城市人口居住在贫民窟；按比率计，撒哈拉沙漠以南非洲地区的城市人口中，71.9%的人居住在贫民窟中。报告强调，贫民窟已给城市人口的生活带来危机，如果不采取有效措施应对，再过30年，世界将有20亿城市人口居住在贫民窟里。

国际合作的加强

环境危机不仅对某一个国家的安全构成威胁，而且同时影响到全人类的生存环境。因此，必须全球携起手来共同保护我们的家园地球。

随着环境污染日益国际化，有三大类问题需要在国际范围内解决。

第一，当毗邻国家分享共同资源时，一国利用自然资源造成的污染会超越国界，影响另一个国家，产生污染的区域性问题。

界河（中国、越南）

第二，世界共同拥有一些全球性的环境资源，如大气和深海等。任何国家对这类“全球共有物”采取任何行动，都会对其他所有国家产生影响。

第三，有些资源虽然归一国所有，而且在市场上无法体现其价值，但是它对国际社会有价值，如热带雨林、其他特有的生态栖息地以及独特的物种。

为了解决这些污染问题，需要国际范围内的合作。

保护环境是全人类共同的任务，经济发达国家应负有更大的责任。从历史上看，发达国家在工业发展过程中过度消耗自然资源，大量排出污染物，造成许许多多全球性的环境问题，就目前而言发达国家对环境的破坏无论从总量还是从人均量来看都大大超过发展中国家。所以，发达国家对环境问题负有不可推卸的责任。

经济合作

由于社会发展的不平衡造成全球贫富悬殊，为了消除贫困必须加强全球经济合作，尤其是发达国家对不发达国家有义务提供经济援助。

首先是寻找途径减少许多发展中国家的外债，特别是那些最贫困国家的外债。其次是向发展中国家提供援助，帮助他们管理经济，使经济多样化；管理好各种自然资源，保持市场力量（利率和汇率）的稳定，将有利于全世界的发展，也符合发达国家的利益。

技术合作

发达国家有雄厚的经济实力和先进的科学技术，理所当然应为全球环境承担更多义务，向发展中国家提供新的高效的技术，特别是农业、工业和能源等方面的技术，帮助他们在发展经济的同时保护好环境。这不仅有利于发展中国家的发展，也是符合发达国家自身利益的明智之举。

国际法

为了全球有一致的行动来推动可持续发展战略的实施，所有国家需要共同参与缔结可持续发展的国际条约，提倡环境与发展政策的一体化。通过全球性的协商，考虑各国的不同情况和能力，建立有效的国际环境保护标准；在国际范围内尝试规定进行可持续发展的权利和义务；采取措施妥善解决和避免可持续发展的国际争端。全球性合作必须是发达国家与发展中国家共同的合作。

这个合作，首先是发达国家必须积极主动地解决自身的环境问题并帮助发展中国家解决环境问题；其次是必须有发展中国家的广泛参与。

但是，由于国家利益不同，它不可能依靠一个共同的法律框架、规章制度、经济鼓励措施以及国家政权的强制力量来解决。因此，必须遵循主权国家之间合作的共同准则。这给形成一种国际性的共识造成困难。

因此，在最初阶段可以从不涉及国家主权，但又具有全球性的问题着手。例如，在全球的大气层、全球的海洋和全球的气候三大问题上，没有一个国家能要求主权；人类，尤其是各国领导人可以在全球范围内进行真诚的合作和联合行动，通过协商制定具有集体责任感的共同政策和全球战略。这是保护地球和人类未来的最低要求。

对于一些区域性的环境问题，可以通过区域性合作组织，包括政府和非政府的机构，签订一些国际性协定，在确保各国主权和利益的基础上，通过协商解决。例如，印度和巴基斯坦之间分享印度河流域的协议是有关国际河道协定中最成功的一个。另一个具有创新意义的例子是莱索托高地水利工程。莱索托在圣果河上建设一项大型工程，用来向南非供水。所需资金和所负债务由南非提供和偿付。由此，莱索托从南非支付的水费中获益；南非降低了确保其水量的成本。

印度河

在一些涉及国家主权的问题上，各国政府可以相互协商和合作，使各参与国从中得利，从而推动环境保护事业的进行。在此基础上建立一些国际管理机构。它归根结底仍受各国政府的支持，但日常工作是大量的，也是很有用的，而且在处理这些问题时，已经赋予该机构一定的权力。它们可以从各国政府有关部门获得支持，这些部门也可以从国际组织得到帮助。虽然，它们没有完全脱离国家主权，但主权已在有限范围内实行“共享”。

联合国举行的环境和发展会议通过了《21 世纪日程》、《里约热内卢环境与发展宣言》和《有关森林保护原则的声明》三项意向性文件，就环境问题达成一些共识，对今后推动环境保护工作具有深远的意义。

另外，有 135 个国家签署了《防止全球气候变暖公约》，148 个国家签署了《保护生物多样性公约》。这两项具有法律约束力的公约，为国际社会解决人类和各国切身利益有关的环境问题迈出了积极的一步。

例如，保护生物的这个公约重申了各国对它自己的生物资源拥有主权，也有责任保护它自己的生物多样性并以可持久的方式使用自己的生物资源；同时强调，为了生物多样性的保护及其组成部分的持久使用，有必要促进国家、政府间组织和非政府部门之间的国际、区域和全球合作。

另外，公约还规定了各国在生物多样性遭受严重减少或损失的威胁时，各国不应以缺乏充分科学定论为理由而推迟采取旨在避免或尽量减轻此种威胁的措施，而且各国应确保在其管辖或控制范围内的活动不致对其他国家的环境或国家管辖范围以外地区的环境造成损害。这使国际社会的共同战略行动与国家主权得到协调，有利于环境保护事业的广泛开展。

2011 南非德班联合国气候变化大会

作为人类历史上第一个限制温室气体排放的国际法律文件，《京都议定书》第一承诺期将于2012年到期。如何迅速形成一份规范第二承诺期的国际法律协议，以续签《京都议定书》，确保实现“本世纪末将气温升高控制在2℃”的全球目标成为当务之急。

作为在此之前的最后一次气候谈判峰会，2011年11月在南非德班举行的气候变化大会承载着这一历史重任。这次会议的意义不仅关系到全球气候变暖是否陷入失序困境，而且深远地影响人类生存和发展的可持续性。但是，目前对于其前景的预测，普遍以担忧和怀疑为主。

联合国可持续发展大会秘书长、联合国副秘书长沙祖康表示：“目前各国对减排目标难以达成共识，各方都采取了减排承诺的低预期。”

要达成一份全新国际法律协议，就必须统一世界各国的政治意识，而这绝非易事。交织在谈判过程中的不同政治诉求和现实利益博弈成为阻碍达成一份全新国际法律协议的关键因素。

显然，气候变化已经远远超出了一个环境问题的范畴，正在被政治化和意识形态化，科学问题与政治话题被混淆与纠缠。欧盟、美国、“伞形集团”、“基础四国”、“七十七国集团”、小海岛国家以及最贫穷国家从不同的立场为控制全球气候变暖博弈不止。

温家宝总理曾在哥本哈根气候变化大会明确表示：“应对气候变化需要国际社会坚定信心，凝聚共识，积极努力，加强合作。必须保持成果的一致性、坚持规则的公平性、注重目标的合理性、确保机制的有效性。”

为此，在南非德班会议召开前夕，中国正在以自己的力量推进全球气候变化谈判的进程。在应对气候变化的世界舞台上，中国一贯坚持“共同但有区别”的原则。然而，低碳发展，不应只是口号，低碳生活，也不能只是倡导呼吁。如何建立财税制度，完善法律法规？怎样创新低碳技术，加强科技支撑？如何建立新能源产业推进低碳布局？怎样践行低碳行动，实现低碳生活？

从意识到行动的转变成为中国“十二五”低碳发展的重要着力点，也是国际社会对中国未来低碳方向的重要关注点。“十二五”规划纲要明确指出：“以节能减排为重点，健全激励与约束机制，加快构建资源节约、环境友好的生产方式和消费模式，增强可持续发展能力，提高生态文明水平。”

知识点

发达国家与发展中国家

发达国家，又称已发展国家，是指经济发展水平较高，技术较为先进，生活水平较高的国家，又称作工业化国家、高经济开发国家。发达国家这一词语的范畴在不同领域有着不尽相同的解释，目前被联合国明文确认的发达国家只有美国、日本、德国、法国、英国、意大利、加拿大等44个国家或地区。

发展中国家，也称作开发中国家、欠发达国家，指经济、社会方面发展程度较低的国家。通常指包括亚洲、非洲、拉丁美洲及其他地区的130多个国家，占世界陆地面积和总人口的70%以上。

延伸阅读

我国的国际环境合作

作为环境大国，我国是国际环境合作中的一支重要力量，始终以积极的态度参加全球环境活动，并在国际环境事务中发挥建设性作用。

1994年《联合国气候变化框架公约》生效以来，我国在气候变化国际谈判中坚持原则立场，采取积极应对措施，有效地维护了我国和发展中国家的正当权益。我国于1998年5月签署并于2002年8月核准《京都议定书》，一直认真履行所承诺的义务。

2001年5月通过的《关于持久性有机污染物的斯德哥尔摩公约》，是继

1987 年《保护臭氧层的维也纳公约》和 1992 年《联合国气候变化框架公约》之后第三个具有强制性减排要求的国际公约。我国于 2001 年 5 月签署、2004 年 6 月批准该公约。

1992 年成立的全球环境基金，已经成为全球环境保护领域最大的投资者，在推动世界各国采取措施保护环境方面取得了令人瞩目的成绩。

作为全球环境基金的成员国，我国一直与全球环境基金保持着密切的合作关系。我国是发展中国家中为数不多的全球环境基金捐资国之一，并在历次增资中发挥了积极作用。

世界各国的民间环境保护组织，如世界自然基金会、国际爱护动物基金会等，与我国的有关部门和民间组织开展多领域的合作，取得积极成果。

我国在国际上首创了“中国环境与发展国际合作委员会”的模式。该委员会作为政府的高级咨询机构，由 40 多位世界知名人士和专家组成，先后向我国政府提出了许多建设性建议，被国际社会誉为国际环境合作的典范。

我国积极参与和推动区域环境合作，以周边国家为重点的区域合作框架初步形成。

我国先后与美国、日本、俄罗斯等 42 个国家签署了双边环境保护合作协议或谅解备忘录，还与欧盟、德国、加拿大等 13 个国家和国际组织在双边无偿援助项目下开展了多项环境保护领域的合作。

公害防治体制的建立

环境污染受多种因素的影响，因此，只靠单一的治理是不能从根本上解决问题的，只有用综合防治的办法，才能使防治工作经济、合理、有效。也就是说，将环境作为一个有机整体，根据当地的自然条件和污染产生、形成的因素，采取经济、管理和工程技术相结合的综合措施，以达到最佳的防治效果。在这一过程中，首先应该建立统一、集中的公害防治体制，确立重点，协调各部门、各地区的行动，解决防治过程中出现的各种问题。

20 世纪 70 年代前，各国没有一个专门负责公害防治和环境保护工作的机构。例如，在美国，大气污染的控制归卫生教育福利部管，水污染的控制归内务部管，土壤保护则归农业部、卫生教育部和内务部分管。因此，环境保护政策没有一揽子考虑方案，仅是头痛医头，脚痛医脚。

在英国，环境保护制度更是分散，由住宅与地方行政部管大气污染控制法令的实施，检察署管理特定工业部门的废气排放，河流局管理河流排污。

在日本，公害防治和环境保护工作分散在内阁各省。由于这种防治体制分散而没有实权，再加上各部门权限不清，政策法令不统一，意见分歧，互相扯皮，各行其是，因此，环境保护工作往往收效甚微。

各国政府为此于20世纪70年代前后分别建立了统一、集中的公害防治体制。

美国于1969年成立了总统的咨询机构“环境质量委员会”，负责向总统提出关于环境政策的建议；1970年又成立了直属联邦政府的控制污染执行机构“环境保护局”。

1990年新上任的环境保护局长赖利责成环境保护科技顾问理事会，用最先进的科学方法评估各项公害对国民生活和生态危害的程度。科顾会经过一年的研究，发表了著名的《污染危害程度的分析》报告。

该报告指出，危害国民健康的污染主要有空气污染、有毒化学物的暴露、室内污染（被动吸烟、溶剂、杀虫剂、甲醛）、饮水污染（水内含铅、三氯甲烷、致病微生物等）；影响生态平衡有高度危害的环境保护问题主要有：动植物栖息地被破坏，生物灭绝、品种减少，臭氧枯竭，地球气候变暖；对生态及国民健康危害较轻的公害是：农用杀虫剂及除草剂，地表水被污染及空气中的毒性浮尘；对生态及国民健康危险较小的公害是石油外泄、地下水污染、放射性污染、酸雨、热污染。报告进一

石油外泄引发的河水污染

步指出，为了解决这些环境问题，美国必须建立统一的环境保护体制。

日本于1971年将分散在各省的公害防治和环境保护的职能工作集中在一起，正式成立由首相直接领导的“国家环境厅”，作为统一管理环境的权力机构，并在各地方和基层企业建立相应的专门机构。国家环境厅每年发表一本《环境白皮书》，指导全国的环境保护工作并为世界环境问题出谋划策。

英国于1970年成立环境部和关于环境污染的皇家委员会。后者成员以个人身份参加，任期至少3年。委员会有权调阅文件，甚至参观现场设施。几年来他们共提出15份报告，其中大多数对国家政策产生了影响。如1983年提出关于铅的报告后，降低了汽油中铅的含量，并开始使用无铅汽油。

德国政府于1970年设立环境问题内阁委员会，负责全国环境规划。1971年法国成立自然与环境保护部。为强化环境管理机构，1991年法国成立了环境与能源控制署、环境研究所、工业环境与事故研究所，以此扩大了环境保护部的职权范围，增强了国家的技术干预能力。

哥斯达黎加国家公园

印度在20世纪70年代初期成立了一个起咨询作用的环境委员会。后来苏联也建立了全国性的环境保护机构“环境保护和合理利用自然资源委员会”。

哥斯达黎加为了更好地保护国家公园和保护区，1986年将大量机构并入自然资源、能源与矿产部，创建了一个新的全国性的保护区制度，建立起一些有较大决策权和资金自主权的地方“超级大公园”，每一个公园都得到不同的国际捐赠者集团的支持。

由于建立了集中统一的防治体制，各国的环境保护部门和机构有职有权，各部门间职权分明，互相协作，有力地促进了公害的防治工作。

知识点

热污染

热污染是指现代工业生产和生活中排放的废热所造成的环境污染。

常见的热污染有：

1. 因城市地区人口集中，建筑群、街道等代替了地面的天然覆盖层，工业生产排放热量，大量机动车行驶，大量空调排放热量而形成城市气温高于郊区农村的热岛效应；

2. 因热电厂、核电站、炼钢厂等冷却水所造成的水体温度升高，使溶解氧减少，某些毒物毒性提高，鱼类不能繁殖或死亡，某些细菌繁殖，破坏水生生态环境进而引起水质恶化的水体热污染。

延伸阅读

中华人民共和国环境保护部沿革

1972 年，官厅水库突然死了上万尾鱼。在当时特殊的时代背景下，有人以为是阶级敌人投毒。后来，在周恩来总理亲自过问下，国务院发了三个文件，由万里任组长的官厅水系水源保护领导小组（简称领导小组）迅速成立。该领导小组也是国家成立最早的环境保护部门。

1973 年开始成立了国家级机构，当时叫“国务院环境保护领导小组办公室”（简称国环办）。

1982 年经过第一次机构改革，成立环境保护局，归属当时的城乡建设环境保护部，也就是建设部。

1984 年更名为“国家环境保护局”，依旧在建设部管理范围内。

国家环境保护局：是 1988 年国务院机构改革时从城乡建设环境保护部中独立出来的国务院直属机构（副部级）。

环境保护总局：1998 年国家环境保护局升格为国家环境保护总局（正部

级）。目前的国家环境保护总局是国务院的直属单位，而不是国务院的组成部门，尽管在行政级别上也是正部级单位，但在制定政策的权限，以及参与高层决策等方面，与作为国务院组成部门的部委有着很大不同。

环境保护部：2008 年，变成了国务院的组成部门。

制定法规，以法治害

在防治公害中，既要对已造成的环境污染问题有计划、有步骤地治理，又要防止或减少新污染的产生。因此，环境保护工作要纳入国民经济计划，对重大项目的选址、设计、布局等，都要充分考虑环境保护因素；在生产过程中积极试验和采用无污染的新能源、新工艺、新技术和新设备，合理组织生产，加强工业环境管理，减少污染，生产无污染的新产品。同样重要的是，要以法治害，运用法律手段，即制定和完善严格的环境保护法规，使每个产业、每个部门、每个成员有法可依。

第二次世界大战后，尤其是 20 世纪 70 年代前后，各国政府制定了一系列防治公害的法律和法令。

美国国会于 1969 年通过了《国家环境政策法》，以后又通过了《大气净化法》《水质改善法》《资源回收法》《住房、城镇发展法》等。1983 年以来美国已有 30 个州先后制定了垃圾处理及回收废物的法律，规定对废旧物品的回收利用计划实行减免税、提供贷款等优惠政策。1989 年 9 月 30 日加利福尼亚州颁布的有关法律尤其严厉，要求所属各地广泛回收垃圾中的有用资源，5 年内减少垃圾 25%，到 2000 年减少垃圾 50%。

美国 1985 年制定的农业法，经过 1990 年的修改，明确规定在易于造成地下水污染的地区，要发展少用农药和化肥的农业；限制使用农药，如果投用就要记录并报告使用情况；制定有机农业的全国统一标准和标志。

美国还制定了对破坏生态者实行经济的、行政的以至刑事的制裁与惩罚的法律。华尔街大金融家琼斯在马里兰东海岸的一个私人猎场用沙子等材料填沼泽地准备进行开发，法院下令对其判处 100 万美元的罚款并禁止再对沼泽地进行开发。

环境优美的美国乡村

日本于1967年制定了《公害对策基本法》。1970年国会通过了14个有关保护环境的法律。1971年又通过了《环境保护法》《整顿公害防治体制》等6项条例，逐步形成了日本防治公害的法律体系。从1971年9月24日起实施的《废弃物处理和清扫法》，规定对于违法者可分别处以1年、6个月、3个月以下的惩役或50万、30万、20万、10万日元以下的罚款。如不按规定将可燃与不可燃的垃圾分类存放，就要处以罚款。2000年，日本制定了《绿色采购法》，2002年又实施了《汽车循环法》。

欧共体为处理欧洲共同性的污染问题，制定了许多有关的法律规定。例如对三氧化硫、氮氧化物的排放量，公路使用的燃料，如何处理有毒废气，都有明确的法律规定。为防止包装垃圾泛滥，制定的垃圾处理法（草案）明文规定，谁把商品带入市场，谁就应该承担回收的责任。1991年5月21日发表了有关治理污水的指令，要求各市镇在2005年以前都要拥有污水收集与净化系统。2009年，英国新环境保护法律开始生效，新环境保护法鼓励司机使用更加环境保护的燃油，新法律规定，英国售卖的石油和柴油，必须含有至少2.5%的生物燃料。

英国在治理大气污染方面，先后公布了《清洁空气法》《制碱等工厂法》《公共卫生法》《放射性物质法》《汽车使用条例》。在防治水质污染方面，颁布了《河流防污法》《垃圾法》《公民舒适法》《有毒废物倾倒法》《城乡规划法》《新城法》《乡村法》等等。在处理固体废物方面，制定了《垃圾的收集和处理规则》《危险垃圾的处理规则》两项法规。

德国从1957年以来制定了水法、有害物质排放法、原子能法、区域规划法、建筑用地法、城乡革新法、植物保护法、废油法、狩猎法、森林管理法、采矿法、保护自然和保护风景法、废物处置法等。

“雾都”伦敦的今天

两德统一后，制定了适用于整个德国的农业与环境的新联邦法。1990 年 1 月制定了有关食品和饮料的塑料包装法规，限制塑料包装的品种，要求尽量使用可多次循环的包装，尽量减少使用一次性包装。2005 年 3 月 16 日，德国制定并通过了《电子电气法》，详尽地规范了废旧产品处理过程各方的权利和义务，为废旧电子电气产品的体系建设提供了法律保障。

法国同环境有关的法令主要有：1960 年的国立公园法令，1961 年的防治大气污染法令，1964 年的防治水污染的法令，1970 年 6 月制定的《环境保护初步规划》和“百项措施”。1992 年 1 月颁布的《新水法》，对水资源进行规划，制定每条水道流域的整治和管理蓝图，确定中期与长期目标，确定城市化和开发范围，划定自然保护区和引水区等等。该法强调保护水系生态，所有可能危及水系平衡的工程必须得到批准方可进行。

巴黎街景

法国为降低工业污染，规定大型工业和民用供热锅炉的二氧化碳的排放标准，企业必须装备防污染系统；扩大大气污染附加税征收范围；为减少汽车废气污染，政府将无铅汽油的税额减少了 0. 41 法郎。目前，无铅汽油已占法国汽油消费量的 30% 。1990 年春环境部长明确指出了农业污染水源的责任，强调谁污染谁付钱的原则，按其对自然环境的损害程度纳税；谁保护环境的措施越多，谁的纳税就越少。为此，一些环境保护机构同农民一起制订反扩散性污染计划，清除硝酸盐污染尤其重要。1989 年初法国环境部提出了减少、处理、开发循环利用垃圾的十年规划，目标是用 10 年时间关闭或改造所有传统垃圾场，实现全部垃圾的处理与价值化。

瑞典于 1985 年明确规定了农药使用量标准，要求在 1990 年前减少一半，同时要求在 1995 年之前将氮肥使用量减少一半。

荷兰于 1984 年公布法令，禁止开设新的奶酪畜牧场，检查和控制增设畜产设施；禁止在冬季施撒用家畜排泄物制作的肥料；建立将家畜排泄物贮藏 6 个月的设施；规定每公顷土地的化肥施用量，氮素成分为 125 ~ 250 千克。但由于执行不力，1992 年荷兰政府重申，所有畜产农场必须遵守上述措施，否则就改种其他作物。

丹麦风光

丹麦 1987 年规定，每公顷土地家畜排泄物施用为氮成分 200 千克/头家畜，排泄物要在贮藏设施内发酵 9 个月；耕地的 65% 全年都要作为绿地；以 1992 年为基础，氮肥使用减少 50%，磷肥使用减少 80%；农药投放量 1992 年削减 25%，1997 年之前再削减 25%。如今，丹麦早已是举世知名的绿色国家。

南斯拉夫议会保护和改进人类环境委员会通过法律，规定某种产品在制造过程中污染生态环境，应征收相当于该产品出厂价格 5% 的生态保护税。

智利为防止过度捕捞导致鱼类灭绝，于 1991 年制定了新的渔业法，规定全球范围的限额、单独的可转让限额、按单船及其船具规定的限制。它改变了过去那种完全放开的毫无限制的捕捞。虽然，执行时会遇到不少困难，但毕竟是一种进步。智利为净化首都圣地亚哥的空气，1990 年颁布一项法令，规定了工业废气排放的新标准。在此基础上，政府从市内运营的 12 000 辆公共汽车中报废 2 600 辆旧车；减少冬季行驶的公共汽车、私人汽车 20%；将通过市中心地区的公共汽车从每小时 2 000 辆减少到 1 000 辆；同时，规定从

1992年9月起，进口汽车要加装催化器，使用质量高的汽油、柴油，引进无铅汽车。

在这些法律和法令的基础上，各国政府还根据实际情况，制定了有关大气、水质污染的环境标准，制定了工厂废气、汽车废气、工厂污水的限制法和排放标准，明确规定了国家、地方、企业、居民在环境保护方面的职责、权利和义务，还规定了造成环境污染者应负担费用等原则，使环境保护工作有章可循，有法可依，走上了“以法治害”的道路。

知识点

无铅汽油

无铅汽油是一种在提炼过程中没有添加四乙基铅作为抗震爆添加剂的汽油，英语略称 ULP（Un－Leaded Petro）。无铅汽油中只含有来源于原油的微量的铅，一般每升汽油为0.01克。它的辛烷值为95，比现有其他级别含铅汽油的辛烷值（97）略低。

使用无铅汽油能有效控制汽车废气中的有害物质的排放，减少碳氢化合物、一氧化碳及氮氧化物等污染。

延伸阅读

我国环境保护法规体系

宪法：《中华人民共和国宪法》中规定，环境保护是我国的一项基本国策。宪法对环境保护提出了目标和要求，规定了环境保护工作的内容和范围。这些规定是我国开展环境保护工作，制定环境保护法律、法规的根本依据。

环境保护基本法：《中华人民共和国环境保护法》为了适应环境问题的复杂性、环境要素的相关性以及环境保护措施的综合性的需要而制定，它主要规定了国家保护环境的方针、任务、原则、制度和措施。

资源保护法律和规章：以保护某一环境要素为立法的基本内容，目的是为了保护自然资源和经营管理自然资源，如我国的《水法》《土地管理法》《森林法》《野生动物保护法》等。

环境污染防治法律和规章：以防治某一污染源为主，体现了污染防治与资源保护相结合的立法思想。如我国的《大气污染防治法》《水污染防治法》等。

环境保护标准：由国家颁布的，从概念、监测方法、质量控制手段、环境允许值和排放指标等方面对污染控制项目的规定。在加强环境保护监督管理、控制污染源、改善环境等方面起着重要作用。

我国环境保护法律法规体系的构成特点：

1. 综合性：环境保护法的对象相当广泛，包括自然环境要素、人为环境要素和整个地球的生物圈；法律关系主体不仅包括一般法律主体的公民、社会经济组织，也包括国家乃至全人类，甚至包括尚未出生的后代人；

2. 技术性：由于环境保护法不仅协调人与人的关系，也协调人与自然的关系，因此环境保护法必须与环境科学技术相结合，必须体现自然规律特别是生态科学规律的要求；

3. 社会性：环境保护法的社会性首先表现在它与阶级性和政治职能较强的一些立法不同，它并非不同阶级、利益集团对立冲突与矛盾调和的结果，而是人与自然矛盾冲突加剧的产物；其次，环境作为全人类的共同生存条件，并不能为某个人或者某国所私有或者独占。

环境保护与市场接轨

几十年来，联合国国民核算体系把经济活动的常规测算作为福利指标。因此，许多国家公用事业和环境保护工作不计成本，成为经济发展的负担。随着地球环境的日益恶化，人们越来越感到这个核算体系有其局限性，它不能精确地反映环境恶化和自然资源消耗的状况；将环境保护工作纳入市场经济的轨道是必要的。

经济学家们为此正在探索环境保护的核算体系，将环境保护工作纳入市场经济的轨道。他们把用于实行环境保护措施的费用与可预防的环境污染损失联系起来，用经济杠杆管理环境保护工作。这工作首先在 OECD（经合组织）的某些国家中开始，特别是在挪威和法国，后来在不少国家中得以推广。这些国家对自然资源和环境的核算方法虽然目标不同，但目的都是针对其国民核算体系框架中的不同问题。

第一种方法，最为简单，它试图更精确地测算人们对环境破坏造成的损失和保护环境所需的费用。

第二种方法，是对自然资源的衰竭进行估算。这是一种用常规方法计算收入来推导净收入的测算方法。它适用于对国民核算体系中自然资本不一致的处理。使用这种方法核算的有印度尼西亚的森林、石油、土壤，哥斯达黎加的渔业和森林，中国的矿石。

第三种方法，主要是提供改善环境管理的信息。如挪威使用实物测算方法，重点测算了其主要的自然资源——石油、木材、渔业、水力。联合国统计局正在进行综合考虑环境和资源使用及经济活动的工作。

喀麦隆的雨林

喀麦隆的科鲁普国家公园，拥有非洲最古老的热带雨林，它是许多独一无二的濒危动植物物种的家园。为保护约 12.6 万公顷的公园，喀麦隆评估了热带雨林开发可能造成的破坏后认为，保护国家公园可以给喀麦隆带来巨大的社会经济收益。据估算，来自销售林产品等取得的直接收益占可计量收益的 32%，来自渔业与土壤资源等得到的间接收益占 68%。收益大致为 60 亿美元。同时，喀麦隆和全球其他地区还可从环境保护中获得“选择价值”（未来收益）和“存在价值”（保存物种的价值）。喀麦隆以此呼吁国际社会提供援助，保护其热带雨林和国家公园。

目前，为了改变自然资源使用过程中种种扭曲的现象，许多国家正在实施以市场为导向重新分配自然资源的新方法。

例如，美国加利福尼亚州建立了一个自愿参加的“水银行”。该银行把从农场主那里买来的水卖给城市地区。农场主因以高于实际产值的价格出售水而赚得利润，城市为获得这种水而支付的费用大大低于其他供水来源的费用。这种以市场为基础的重新分配方法的显著特点是自愿、买卖双方都能获益，以此减轻因灌溉用水浪费而产生的环境问题以及减少兴建更多水坝的需求。

值得注意的是，各国、各地区为了将环境保护工作纳入市场经济轨道，正扩大私人部门的作用。1985 年中国澳门的饮用水公用事业私营化后，经营状态显著改善，6 年中水损耗下降了 50%。圣地亚哥饮用水公用事业单位同私营部门签订了看表收费、管道维修、开列账单以及租借车辆的合同，结果，该公司职工生产效率比其他公司高出 3 ~6 倍。

知识点

市场经济

市场经济，又称为自由市场经济或自由企业经济，是一种经济体系，在这种体系下产品和服务的生产及销售完全由自由市场的自由价格机制所引导，而不是像计划经济一般由国家所引导。

在市场经济里并没有一个中央协调的体制来指引其运作，但是在理论上，市场将会透过产品和服务的供给和需求产生复杂的相互作用，进而达成自我组织的效果。

延伸阅读

喀麦隆共和国地理简况

喀麦隆共和国位于非洲中西部，南与赤道几内亚、加蓬、刚果接壤，东邻乍得、中非，西部与尼日利亚交界，北隔乍得湖与尼日尔相望，西南濒临几内亚湾。海岸线长354千米。全境类似三角形，南部宽广，往北逐渐狭窄。

乍得湖位于它的顶端。南北最长距离约1 232千米，东西约720千米。

全国地形复杂，除乍得湖畔和沿海有小部分平原外，全境大多是高原和山地。西部和中部为平均海拔1 500～3 000米的高原，成为尼日尔河、刚果河和乍得湖等水系的分水岭。西南近海处的喀麦隆火山是西非的最高峰，海拔4 070米。主要河流有：萨那加河、尼昂河、武里河、洛贡河及贝努埃河。主要湖泊有乍得湖、巴隆比湖、尼奥斯湖。

喀麦隆属热带气候，南部温度不超过25℃，气候湿热；北部通常在25℃～34℃之间，气温高且干燥，全国年平均温度为24℃。每年3月到10月为雨季，10月到翌年3月为旱季。降雨量由北向南渐增，年平均降雨量在2 000毫米以上。

喀麦隆火山山麓全年降雨量高达1万毫米，是世界降雨量最多的地区之一。按地理环境特点区分，喀麦隆大致可分为5个自然区：西部山区、沿海森林平原、内陆森林高原、阿达马瓦高原、北部热带草原，其自然地理风貌包括海滩、沙漠、高山、雨林及热带莽原等。

环境治理的探索

HUANJING ZHILI DE TANSUO

飓风、地震、海啸、洪水，不可预料的自然灾害接连不断。灾难面前，人显得无比脆弱。大气污染、生态破坏、资源枯竭、能源危机、酸雨蔓延、全球气候变暖、臭氧层出现空洞、物种加速灭绝……大自然一次次向人类敲响警钟。

在大自然的警钟面前，人类已经清醒认识到了环境污染和生态破坏威胁着我们每一个人的生活、工作与健康，认识到了环境问题的严重性，从而加大环境污染的防治力度，在环境治理的道路上不断地探索着……

大气污染的防治

大气污染的防治是一个庞大的系统工程，需要个人、集体、国家、乃至全球各国的共同努力。在大气污染的防治中，可考虑采取如下措施：

减少污染物排放

直接的方法可以改造锅炉、改进燃烧方法。根本上需要改革能源结构，多采用无污染能源（如太阳能、风能、水力发电）和低污染能源（如天然气）。

地热发电站

地热能是当今世界发展较快的清洁能源之一。地热能量相当于地球上全部煤贮量的1.7亿倍，而且地热电站一般不需要庞大的燃料运输设备，也不排放烟尘。

地热蒸气发电排放到大气中的二氧化碳量远低于燃气、燃油、燃煤电厂。但地热电站释放的硫化氢等有害气体对大气也会造成一定程度的污染，其含盐废水、噪音以及因其而造成的地面沉降等（虽不严重），也形成了一定的危害。

消除燃料中硫的污染

工厂排放的烟、尘是大气污染最重要的原因。因此，防止大气污染的重点之一是消除工厂的烟尘。消除黑烟可以通过充分燃烧的途径解决。锅炉是烧煤的主要热工设备。因此，关键是改进锅炉结构和烧煤方法。

燃料中的硫对大气造成的污染很严重，常用的方法有两种。一种是对燃料进行预处理，如烧煤前先进行脱硫；另一种是在污染物未进入大气之前，使用除尘消烟技术、冷凝技术、液体吸收技术、回收处理技术等消除废气中的部分污染物，减少进入大气的污染物数量。如从排烟中除去二氧化硫。

控制汽车排气和生产无公害汽车

1972年美国已约有85%的汽车装上了净化装置。1975年西方国家铂产量的$\frac{1}{10}$已用于美国汽车排气控制系统。日本对汽车废气主要采取延迟点火时间的方法，使氮氧化物排放量减少30%～40%。1970年法国已开始使用电动汽车。英国已有10万余辆电动车。美国将大量生产镍—锌电池作能源的汽车，尽量减少汽车排放的有害气体。

绿化造林

绿化造林是防治大气污染较为经济而有效的措施，因为植物具有过滤各种有害气体、净化大气、减弱噪声、调节气候、美化环境的功能。森林植被不但可以提供木材，而且还能防止水土流失、预防风沙、干旱、洪涝等自然灾害。

森　林

绿色植物在进行光合作用时，吸收空气中的二氧化碳，放出氧气。通常 10 000 平方米阔叶林，在生长季节，一天大约能吸收 1 000 千克二氧化碳，同时放出 730 毫升氧气。正常成年人，每分钟呼吸 16～18 次，若每次呼出或吸入空气 500 毫升，吸入的空气中约含氧气 21%、二氧化碳 0.03%；呼气中约含氧气 16%、二氧化碳 3.40%～4.4%。如果按每人每小时呼吸氧气约 31.5 克，排出二氧化碳约 38 克，每天呼吸需氧气 0.75 千克排出二氧化碳 0.91 千克计算，那么一个人只要有 10 平方米森林绿化面积就能把一天呼出的二氧化碳全部吸收，并供给所需要的氧气。

生长良好的草坪，在进行光合作用时，每平方米草坪一小时能吸收 1.5 克二氧化碳。因此如果有 25 平方米的草坪，也能把一个人在一小时呼出的二氧化碳全部吸收。

大气中某些污染物浓度过高，危害树木生长，而不少绿色植物具有吸收毒气的能力。如柳杉、泡桐、夹竹桃、紫藤、枫树、柑橘等都能吸收二氧化硫；刺槐、桧柏、丁香、女贞、向日葵能够吸收氟化氢；槐树、银桦、悬铃木等能够吸收氯和

夹竹桃

氯化氢；桑树、夹竹桃、棕榈等能吸收二氧化氮；加拿大白杨、桂香柳等能够吸收醛酮等；银杏、柳杉、夹竹桃等吸收臭氧，防止光化学烟雾。

总之，绿色植物具有制造氧气，吸收有害气体，阻留粉尘、杀灭病菌的功能，对人体健康有良好的影响。所以植树造林是科学而又经济的防治大气污染的好方法。

知识点

光合作用

光合作用，即光能合成作用，是植物、藻类和某些细菌，在可见光的照射下，经过光反应和碳反应，利用光合色素，将二氧化碳（或硫化氢）和水转化为有机物，并释放出氧气（或氢气）的生化过程。光合作用是一系列复杂的代谢反应的总和，是生物界赖以生存的基础，也是地球碳氧循环的重要媒介。

延伸阅读

植树节的来历

我国古代在清明时节就有插柳植树的传统，而近代植树节则最早由美国的内布拉斯加州发起。

19 世纪以前，内布拉斯加州是一片光秃秃的荒原，树木稀少，土地干燥，大风一起，黄沙漫天，人民深受其苦。1872 年，美国著名农学家朱利叶斯·斯特林·莫尔顿提议在内布拉斯加州规定植树节，动员人民有计划地植树造林。

当时州农业局通过决议采纳了这一提议，并由州长亲自规定今后每年 4 月份的第三个星期三为植树节。这一决定做出后，当年就植树上百万棵。此后的 16 年间，又先后植树 6 亿棵，终于使内布拉斯加州 10 万公顷的荒野变成了茂密的森林。

为了表彰莫尔顿的功绩，1885 年州议会正式规定以莫尔顿先生的生日 4 月 22 日为每年的植树节，并放假一天。

在美国，植树节是一个州定节日，没有全国统一规定的日期。但是每年四五月间，美国各州都要组织植树节活动。例如，罗得岛州规定每年 5 月份的第二个星期五为植树节，并放假一天。其他各州有的是固定日期，也有的是每年由州长或州的其他政府部门临时决定植树节日期。每当植树节到来，以学生为主的社会各界群众组成浩浩荡荡的植树大军，投入植树活动。

今日的美国，树木成行，林阴如云。据统计，美国有三分之一的地区为森林树木所覆盖。这个成果同植树节是分不开的。

我国的植树节是每年的 3 月 12 日。这一天也是孙中山先生逝世纪念日。

孙中山先生生前十分重视林业建设。早在 1893 年，孙中山先生就说过："急兴农学，讲究树艺"、"我们研究到防止水灾和旱灾的根本方法都是要造森林，要造全国大规模的森林。"

他任临时大总统的中华民国南京政府成立不久，就在 1912 年 5 月设立了农林部，下设山林司，主管全国林业行政事务。1914 年 11 月中华民国颁布了我国近代史上第一部《森林法》。1915 年 7 月，政府又规定将每年"清明"定为植树节。

1925 年 3 月 12 日，孙中山先生与世长辞。为了纪念国父孙中山先生，国民政府把每年的 3 月 12 日定为"植树节"。

水资源短缺的防治

水是生命之源。长久以来，我们都以为水是取之不尽用之不竭的，直到今日，我们才知道要珍惜水资源。针对世界水资源的污染和短缺，我们要做到防治结合。既要治理、回用废水，将其资源化，又要防止水的进一步污染和浪费。

建立节水型社会

水资源的安全，大有文章可做。好的水资源保护和利用政策，可以督促人们保护和合理利用水资源，有利于缓解水资源的供求矛盾，确保水资源的安全。相反，水资源就会遭到破坏和浪费，水资源的安全就会遭到威胁。

在以色列，因为缺水实行了管道调水工程，水价高到 14 美元/吨，折合人民币 116 元/吨。以色列围绕获取水源采取扩张军事手段，占领大片阿拉伯领土，阿以冲突更为复杂。20 世纪 60 年代，以色列实施国家引水工程，阿拉伯国家为了与之抗争，实施了自己的河水改道工程，最后成了中东第三次战争的重要起因。

此外，叙利亚、伊拉克同土耳其之间争夺水资源斗争也十分激烈，这种斗争引起地区冲突。这种例子屡见不鲜。

我国是人口大国，缺水问题特别严重，进行节水革命刻不容缓。节水革命就是要建设节水城市、节水工业、节水农业，建立节水生活方式，建设节水型社会。

第一，培养全民的节水意识。狠抓节水宣传，要让全国人民都知道我国水资源匮乏的实际，重视紧迫感，通过各种媒体大力宣传国情和水情，讲透节约用水的重要性，把节约用水、保护水体作为一种社会公德。增强公民节水的使命感、责任感，大家都为节水型社会建设作贡献。为实现人水和谐相处的最终目标，在日常生产和生活全过程中，人人必须树立节水意识和观念，排斥那些毫不吝啬地浪费水资源、满不在乎地污染水资源的行为。

第二，重视水资源的保护和管理。搞好水资源的保护和管理是进行节水革命的重要一环。为此，要打破现在多龙治水的局面，改变部门地区分隔管理的现状，要强化水源的开发保护、监督和管理。水管部门要制定国内河流、水库和地下水的开采办法，落实保护措施，研究和出台用水规定、节水政策和节水法规。

第三，加强节水技术的研究和开发。节水革命一定要狠抓研究和技术创新。

近年来德国经过研究，使棉纺厂用水节省 80%。美国水务局对 7.4 万居民安装节水型水池。澳大利亚和瑞典专门研究厕所用水，降低用水分别达到 80% 和 84%。此外，中水雨水也在世界许多地方得到推广和使用。

在农田用水方面，美国、以色列用滴灌机灌代替漫灌，利用率提高 95%，节水 1.6 倍，减少淡水用量 25% ~50%，农作物产量提高 15% ~50%。这些例子充分说明节水方面有很多可以创新的地方，节水研究大有作为。

第四，制定水价政策，推动水价改革。要推动节约用水就要充分发挥水价的经济杠杆作用。要改变低水价造成的错误导向。要促进人们节水意识的增强，加强节水科技产品的开发和推广。

第五，扶持清洁产业。在新世纪，清洁产业的新概念是：从原料选择到产品设计，从产品设计到工艺设计，从产品销售到产品维修，从产品使用到产品废弃，都要考虑到选择适宜原材料，尽量节约原材料，减少废弃物，不能增加污染，不断促进废弃物的利用和资源循环。国家通过征税来扶持清洁产业，对于企业减少排污有很大的作用。

第六，严格污水和垃圾治理，防治污染水体。为了减少污染和垃圾对水体的污染，必须加强管理。除了严禁不达标污水排入江河湖海外，还要加强垃圾处理的管理。当前全国各地垃圾围城十分严重，对地下水的污染极其严重。对此必须引起高度重视，以保护江河与地下水资源的卫生。

第七，开发利用污水资源，发展中水处理和污水回用技术。城市中部分工业生产和生活产生的优质杂排水经处理净化后，可以达到一定的水质标准，做为非饮用水使用在绿化、卫生用水等方面。

中水处理

水资源的短缺和污染已成为我国可持续发展的瓶颈，成为未来20年我国实现全面建设小康社会目标所面临的重大挑战之一。建设节水型社会是解决我国干旱缺水问题最根本、最有效的战略举措。

水资源是经济社会赖以存在和发展的重要条件。水是生命之源。水不仅是世间一切生物和秀美山川赖以存在的保障，也是人类和经济社会赖以发展的条件。地球要是没有了水，它就会像火星一样绝不会有今日的生机盎然。水对任何一个国家都是重要的战略资源。水资源的保证供应和安全，是一个国家战略安全的重要方面。

随着世界人口的增长和工业化的推进，水的需求量在不断增加，相反自然界的水随着自然界变暖和人类活动的加剧而越来越少。当今水危机已经遍布全球。根据联合国的预测，2025 年全球将有三分之二的人面临水的危机。缺水问题不仅会制约 21 世纪的经济社会发展，而且可能会因缺水造成国家之间的矛盾冲突，甚至战争。

为了解决水资源短缺的矛盾，在开源节流这两种战略中，节流比开源所需的资金一般要少，而且通过节流，可以减少污水排放量，减轻水污染，更可切实保护水资源，可谓一举多得，是符合可持续发展的战略方针的。

城市废水资源化

城市废水的大量排放不但是水资源的浪费，同时也会造成污染。世界上不少缺水国家把城市废水资源的利用，作为解决水资源短缺的重要对策之一。

城市废水如不加以净化，随意排放，将造成严重的水环境污染。如将城市废水的净化和再生利用结合起来，去除污染物，改善水质后加以回用，不仅可以消除城市废水对水环境的污染，而且可以减少新鲜水的使用，缓解需水和供水之间的矛盾，为工农业的发展、居民生活用水需求提供新的水源，取得多种效益。

许多国家和地区把城市废水再生水作为一种水资源的重要组成部分，对城市废水的资源化进行了系统规划。例如，美国佛罗里达州的南部地区、加利福尼亚州的南拉谷那、科罗拉多州的奥罗拉，沙特阿拉伯，意大利及地中海诸国等。

城市废水处理

实践表明，城市废水经处理后可以放心地用于农业、城市和工业等领域。作为缓解水资源短缺的重要战略之一，城市废水资源化显示了光明的应用前景。

工业废水回用

世界上许多国家围绕城市废水的资源化与再生利用开展了大量的研究，包括废水回用途径的分析与开拓，废水资源化工艺与技术研究，回用水水质标准的建立，回用水对人体健康的影响，促进废水资源化的政策与管理体系等。

根据城市废水处理程度和出水水质，经净化后的城市废水可以有多种回用途径，大体可分为城市回用、工业回用、农业回用（包括牧渔业）和地下水回灌。在工业回用中，主要可用作冷却水；城市回用中有城市生活杂用水、市政与建筑用水等；农业用水则主要是灌溉用水。

对于城市废水的回用工程，最重要的是再生水的水质要满足一定的水质标准。回用对象不一样，所规定的标准也不一样。以下介绍几种废水回用途径及相应的水质标准。

（1）回灌地下水：再生水回灌地下蓄水层作饮用水源时，其水质必须满足或高于国家生活饮用水卫生标准（GB5749－85）。考虑到难生物降解有机物对地下水质的影响以及对人体健康的危害，除一般常规监测指标外，还要求对苯、四氯化碳等20种有机物和6种农药有机物进行监测。

（2）工业回用：再生水的工业回用主要有三个方面：回用作冷却水、工艺用水以及锅炉补给水。

回用作冷却水的再生水水质应满足冷却水循环系统补给水的水质标准；回用作工艺用水时，由于工艺的不同，对水质的需求也不同，应根据不同工业的不同工艺，满足其相应的水质标准；用作蒸汽锅炉补给水的水质与锅炉压力有直接关系。再生水往往需要经过补充处理后才能适用于锅炉补给水。

（3）农业回用：再生水的农业回用主要用于灌溉。通常对灌溉用水的水质要求为：

①应不传染疾病，确保使用者和公众的卫生健康；

温德和克

②不破坏土壤的结构与性能，不使土壤退化或盐碱化；

③不使土壤中的重金属和有害物质的积累超过有害水平；

④不得危害作物的生长；

⑤不得污染地下水。

世界上第一座将城市废水再生水直接用作饮用水源的回收厂，设在纳米比亚的首都温德和克市。该回收厂将城市废水经过深度生物处理之后作为饮用水。深度处理水的水质经严格的水质监测，证明符合世界卫生组织及美国环境保护局发布的标准。

知识点

再生水

再生水是指污水经适当处理后，达到一定的水质指标，满足某种使用要求，可以进行有益使用的水。和海水淡化、跨流域调水相比，再生水具有明显的优势。从经济的角度看，再生水的成本最低，从环境保护的角度看，污水再生利用有助于改善生态环境，实现水生态的良性循环。

延伸阅读

《生活饮用水卫生标准》

我国政府一向十分关心和重视饮用水卫生工作，多次发布和修改饮用水卫生标准。

1956年制定的饮用水卫生标准及1959年、1976年修订的标准分别包括15项、17项、23项微生物、一般化学和感官指标，着重技术要求，均未列为强制性卫生标准。

1985年卫生部组织饮水卫生专家结合国情，吸取了世界卫生组织（WHO）《饮用水质量标准》和发达国家饮用水卫生标准中的先进部分，制定了《生活饮用水卫生标准》，将水质指标由23项增至35项，由卫生部以国家强制性卫生标准发布（GB5749－85），增加了饮用水卫生标准的法律效力。

该标准于1985年8月16日发布，1986年10月10日实施，共5章22条。分总则、水质标准和卫生要求、水源选择、水源卫生防护和水质检验。

具体来讲，生活饮用水卫生标准可包括两大部分：法定的量的限值，指为保证生活饮用水中各种有害因素不影响人群健康和生活质量的法定的量的限值；法定的行为规范，指为保证生活饮用水各项指标达到法定量的限值，对集中式供水单位生产的各个环节的法定行为规范。

生活饮用水水质标准和卫生3项基本要求：

1. 为防止水介传染病的发生和传播，要求生活饮用水不含病原微生物。

2. 水中所含化学物质及放射性物质不得对人体健康产生危害。要求水中的化学物质及放射性物质不引起急性和慢性中毒及潜在的远期危害（致癌、致畸、致突变作用）。

3. 水的感官性状是人们对饮用水的直观感觉，是评价水质的重要依据。生活饮用水必须确保感官良好，为人民所乐于饮用。

生活饮用水水质标准共35项。其中感官性状和一般化学指标15项，主要为了保证饮用水的感官性状良好；毒理学指标15项、放射指标2项，是为了保证水质对人不产生毒性和潜在危害；细菌学指标3项是为保证饮用水在流行病学上安全而制定的。

废水处理技术

废水中污染物多种多样，废水处理就是利用各种技术措施将各种形态的污染物从废水中分离出来，或将其分解、转化为无害和稳定的物质，从而使废水得以净化的过程。

根据所采用的技术措施的作用原理和去除对象，废水处理方法可分为物理处理法、化学处理法和生物处理法三大类。

废水的物理处理法

目前，各国对水污染大多采取净化处理的办法，最便宜的是滤去砂砾，除去浮渣，使其他杂质沉入池底，形成污泥。这就是物理处理法。

废水的物理处理法是利用物理作用来进行废水处理的方法，主要用于分离去除废水中不溶性的悬浮污染物。

1. 沉淀法

沉淀法在当今的废水处理中应用广泛。沉淀法的基本原理是利用重力作用使废水中重于水的固体物质下沉，从而达到与废水分离的目的。这种工艺处理效果好，并且简单易行。

沉淀法一般需要多道工序、逐渐净化。

①在沉砂池去除无机砂粒；

②在初次沉淀池中去除重于水的悬浮状有机物；

③在二次沉淀池中处理出水中的生物污泥；

④在混凝工艺之后去除混凝形成的絮状凝结体；

⑤在污泥浓缩池中分离污泥中的水分，浓缩污泥。

2. 气浮法

旋流分离器

用于分离密度与水接近或比水小、靠自重难以沉淀的细微颗粒污染物。其基本原理是在废水中通入空气，产生大量的细小气泡，并使其附着于细微颗粒污染物上，形成密度小于水的浮体，上浮至水面，从而达到使细微颗粒与废水分离的目的。

3. 离心分离

使含有悬浮物的废水在设备

中高速旋转，由于悬浮物和废水质量不同，所受的离心力的不同，从而可使悬浮物和废水分离的方法。根据离心力的产生方式，离心分离设备可分为旋流分离器和离心机两种类型。

废水的生物处理法

物理处理法的缺点是留有至少50%的耗氧杂质在水中，而且留下大量污泥。因此，最受欢迎的是利用微生物、细菌、霉菌、酵母菌和一些原生物，使污水中的有机物分解为二氧化碳、水、硫酸盐等简单的无机物，达到污水净化的目的。

在自然界中，栖息着巨量的微生物。这些微生物具有氧化分解有机物并将其转化成稳定无机物的能力。废水的生物处理法就是利用微生物的这一功能，并采用一定的人工措施，营造有利于微生物生长、繁殖的环境，使微生物大量繁殖，以提高微生物氧化、分解有机物的能力，从而使废水中的有机污染物得以净化的方法。

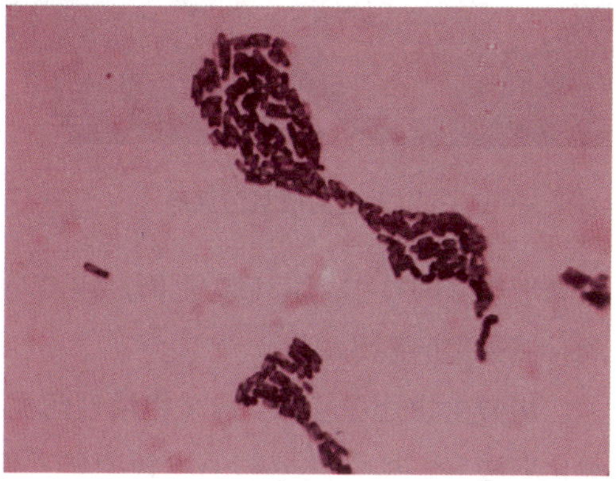

枯草杆菌

不同的微生物可以净化不同的污水。芽孢杆菌能消除污水中的酚，耐汞杆菌能吸收污水中的汞。有一种细菌能把滴滴涕转变成溶于水的物质，消除毒性。真菌可以吃掉浮在水面上的油类。枯草杆菌、马铃薯杆菌能消除己丙酰胺。溶胶假单孢杆菌可以氧化剧毒的氰化物。红色酵母菌和蛇皮藓菌对聚氯联苯有分解能力。

根据采用的微生物的呼吸特性，生物处理可分为好氧生物处理和厌氧生物处理两大类。根据微生物的生长状态，废水生物处理法又可分为悬浮生长型（如活性污泥法）和附着生长型（生物膜法）。

1. 好氧生物处理法

好氧生物处理法是一种利用好氧微生物，在有氧环境下，将废水中的有机物分解成二氧化碳和水的生物处理法。好氧生物处理法处理效率高，使用广泛，是废水生物处理中的主要方法。好氧生物处理的工艺很多，包括活性污泥法、生物滤池、生物转盘、生物接触氧化等工艺。

2. 厌氧生物处理法

厌氧生物处理法是利用兼性厌氧菌和专性厌氧菌，在无氧条件下，降解有机污染物的处理技术，最终产物为甲烷、二氧化碳等。多用于有机污泥、高浓度有机工业废水，如啤酒废水、屠宰厂废水等的处理，也可用于低浓度城市污水的处理。

升流式厌氧污泥床

污泥厌氧处理构筑物多采用消化池。最近20多年来，科研人员开发出了一系列新型高效的厌氧处理构筑物，如升流式厌氧污泥床、厌氧流化床、厌氧滤池等。

3. 自然生物处理法

自然生物处理法即利用在自然条件下生长、繁殖的微生物处理废水的技术。其工艺简单，建设与运行费用都较低，但净化功能易受到自然条件的制约。

用微生物处理废水一般采用活性污泥法、塔式生物过滤法、生物转盘法、氧化塘法等。尽管微生物的本领奇妙，但它们对通气性、酸碱度、营养物、温差等都有一定的要求。因此，使用时一定要掌握好它们的生长规律。

废水的化学处理法

经过微生物处理后，水中仍留下比较复杂的化学污染物，而且还不能除掉不断增加的氮和磷，因此，人们经常通过化学方法继续净化污水。

所谓化学处理法，是利用化学原理消除污染物，或者将其转化为有用的物质。经常使用的办法是中和、氧化还原、混凝、电解等。

例如，美国加利福尼亚州的塔霍湖是一个非常深而景色秀丽的湖，但它受到兴旺旅游业的威胁。政府为此在那里兴建了一个处理工厂，每天吸取

750 万吨湖水，除去普通的污染和污泥后，用石灰除去磷，并在解吸塔中吹出氮（它在污水中通常是以氨的形式出现），然后使水首先通过分离床除去残余的磷，最后通过活性炭吸附掉大部分留下来的化学物质。

1. 中和法

中和法是利用化学方法使酸性废水或碱性废水中和达到中性的方法。在中和处理中，应尽量遵循“以废治废”的原则，优先考虑废酸或废碱的使用，或酸性废水与碱性废水直接中和的可能性。其次才考虑采用药剂（中和剂）进行中和处理。

2. 混凝法

混凝法是通过向废水中投入一定量的混凝剂，使废水中难以自然沉淀的胶体状污染物和一部分细小悬浮物经脱稳、凝聚、架桥等反应过程，形成具有一定大小的絮凝体，在后续沉淀池中沉淀分离，从而使胶体状污染物得以与废水分离的方法。通过混凝，能够降低废水的浊度、色度，去除高分子物质。呈悬浮状或胶体状的有机污染物和某些重金属物质。

3. 化学沉淀法

化学沉淀法是通过向废水中投入某种化学药剂，使之与废水中的某些溶解性污染物质发生反应，形成难溶盐沉淀下来，从而降低水中溶解性污染物

废水的化学处理设备

浓度的方法。

化学沉淀法一般用于含重金属工业废水的处理。根据使用的沉淀剂的不同和生成的难溶盐的种类，化学沉淀法可分为氢氧化物沉淀法、硫化物沉淀法和钡盐沉淀法。

4. 氧化还原法

氧化还原法是利用溶解在废水中的有毒有害物质，在氧化还原反应中能被氧化或还原的性质，把它们转变为无毒无害物质的方法。废水处理使用的氧化剂有臭氧、氯气、次氯酸钠等，还原剂有铁、锌、亚硫酸氢钠等。

5. 吸附法

吸附法是采用多孔性的固体吸附剂，利用固界面上的物质传递，使废水中的污染物转移到固体吸附剂上，从而使之从废水中分离去除的方法。

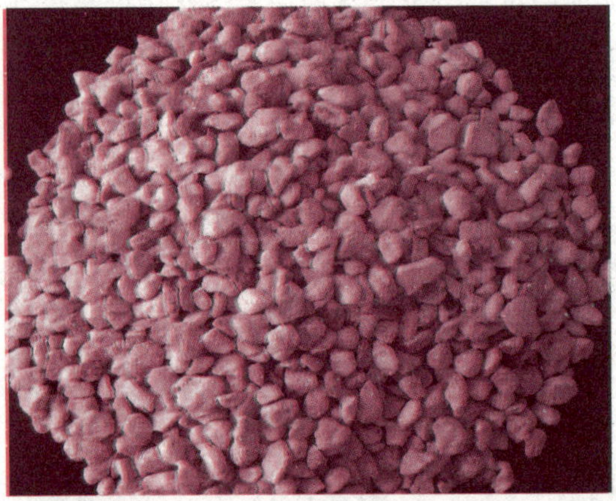

沸　石

具有吸附能力的多孔固体物质称为吸附剂。根据吸附剂表面吸附力的不同，可分为物理吸附、化学吸附和离子交换性吸附。在废水处理中所发生的吸附过程往往是几种吸附作用的综合表现。废水中常用的吸附剂有活性炭、磺化煤、沸石等。

6. 离子交换法

离子交换是指在固体颗粒和液体的界面上发生的离子交换过程。离子交换水处理法即是利用离子交换剂对物质的选择性交换能力去除水和废水中的杂质和有害物质的方法。

7. 膜分离

可使溶液中一种或几种成分不能透过，而其他成分能透过的膜，称为半透膜。膜分离是利用特殊的半透膜的选择性透过作用，将废水中的颗粒、分子或离子与水分离的方法，包括电渗析、扩散渗析、微过滤、超过滤和反渗透。

知识点

渗　析

渗析又称透析，一种以浓度差为推动力的膜分离操作，利用膜对溶质的选择透过性，实现不同性质溶质的分离，即利用半透膜能透过小分子和离子但不能透过胶体粒子的性质从溶胶中除掉作为杂质的小分子或离子的过程。

延伸阅读

废水处理分级

按处理程度，废水处理一般可分为三级。

一级处理：任务是从废水中去除呈悬浮状态的固体污染物。为此，多采用物理处理法。一般经过一级处理后，悬浮固体的去除率为70%～80%，而生化需氧量的去除率只有25%～40%，废水的净化程度不高。

二级处理：任务是大幅度地去除废水中的有机污染物，需氧生物处理法的各种处理单元大多能够达到这种要求。

三级处理：任务是进一步去除二级处理未能去除的污染物，其中包括微生物未能降解的有机物、磷、氮和可溶性无机物。

固体废物污染的防治

随着人们生活水平的提高，固体废物污染也成了一大问题。固体废弃物随意丢弃、堆积如山，不仅影响市容，而且污染环境。现在科学家们正在寻找妥善处理废物、防治污染的办法，而固体废物的资源化无疑是一条很好的出路。

固体废物具有鲜明的时间和空间特征，是在错误时间放在错误地点的资源。如果用恰当的方法处理，完全可以变废为宝。

据英国《泰晤士报》报道，英国南方水处理公司从污水淤泥中提炼和制造了两块宝石，一块较轻，呈暗灰色，嵌在一个如同玛瑙和珍珠的银色饰物上，另一块呈褐色，饰在金别针上。该公司已同英国经营珠宝的拉特纳公司的销售经理就这种宝石的销售进行了商谈。不久的将来，人们会在商店里看到这种漂亮而别致的宝石。

事实证明，随着科学技术的发展和人们环境保护意识的增强，垃圾及其他“三废”（废物、废气、废水）在越来越大的程度上不再是负担，而是一笔可贵的财富。各国开始对它们进行“资源化”处理，变废为宝，从中回收“可利用资源”，取得了十分可观的经济效益和社会效益。

长期以来，各国处理垃圾的方法是露天堆放、围隔离堆、填埋、焚化和生物降解。美国试验表明，燃烧 1 吨垃圾大约能发出 525 度电，并使垃圾量减少 75% ~90% 。因此，不少发达国家建立了垃圾发电厂。

但是，这些方法大部分受各种因素的限制，在处理过程中会造成二次污染。因此，人们开始将垃圾作为资源，进行综合利用的探索。

废旧物资，如人们生活中的废弃物、生产过程中产生的废料，一直是污染环境的重要污染物，人们将其作为重要负担。实际上，废旧物资是个“宝”，只要收集起来，进行加工，再生利用，就可以变为社会财富，既节约自然资源，又防止造成公害。

据英国《新科学家》周刊报道，诺丁汉大学的研究人员发现，制造新塑料袋所需能源是回收塑料袋的 3 倍，即新制造 1 吨聚乙烯塑料袋需要 1 106 亿焦耳的热能，而回收同样重量的塑料袋只消耗 353 亿焦耳的热能。而且，制造 1 吨塑料袋产生 4 034 千克二氧化碳，回收 1 吨塑料袋只产生 1 773 千克二氧化碳；前者消耗水 143. 9 吨，后者消耗水 16. 8 吨，前者是后者的 8 倍。制造 1 吨新塑料袋所产生的二氧化硫 61 千克，回收的仅为 18 千克；前者产生的氧化氮为 21 千克，后者为 9 千克。回收 1 吨塑料袋还比制造 1 吨新的要节省 1. 8 吨燃料油。

为便于综合利用，各国都分类回收废旧物资。

瑞典人倒垃圾时，将玻璃瓶扔进草绿色的大铁罐里，废旧电池扔进马路旁电池形状的火红色大铁筒里，废铁器扔进专用集装箱，废纸捆起来定期交运。

美国将垃圾分成可回收和不可回收两种，分堆集中在路边等待收走；超级市场设有金属罐回收机，顾客将空罐投入后，可获得一张收据，在指定商店兑换现金，如一次投入 10 个空罐，还可获得一张能廉价购买食品的优待券。

德国专设回收塑料的垃圾桶，法国专设回收玻璃瓶的垃圾桶。一些工厂还利用这些废旧物资，生产各种再生产品。

日本北海道地区技术中心从稻草灰中提炼出一种粒子，经高温加工成新型陶瓷，可制造汽车发动机和人工心脏。日本每年还将 3 000 万吨的炉渣通过冷却处理制成建筑材料和优质水泥原料，用于建筑、雕塑等。

垃圾分类回收

综合利用“三废”使“废物”资源化，已成为当前许多企业提高经济效益、加强环境保护的重要手段。许多企业运用综合加工，综合利用、回收加工，分离回用、厂间合作，挂钩互用、深度加工，彻底利用等办法，使有些金属和无机物质不再被排入河流而浪费掉，并且能成为有价值的副产品。

只有当人们不再把河流作为任意使用的污水沟，摆脱了那种把物质简单地看作仅供消费的观点后，工业生产才会遵循“利用—分解—储存—再利用”的规律，人类才能真正确立综合利用的观点。

值得注意的是，不少国家的政府已制定有关的法律，规定对废旧物资的回收利用实行减免税收、提供信贷等优惠政策。

实践证明，利用废旧物资作为资源来生产产品，比之开发矿产和生物资源来生产同样的产品，往往投资少，资金回收期短，而且能消除污染，改善环境。

美国《幸福》杂志指出："垃圾堆里有黄金！"它已越来越受到企业家们的重视和关注。一个以利用废旧物资为中心的新行业正在世界各地兴起，开始成为世界环境保护中的一股巨大洪流。

目前，固体废物处理技术主要有以下几类：

1. 化学处理技术

采用化学方法使固体废物发生化学转换从而回收物质和能源，是固体废物资源化处理的有效技术。煅烧、焙烧、烧结、溶剂浸出、热分解、焚烧等都属于化学处理技术。

（1）煅烧：煅烧是在适宜的高温条件下，脱除物质中二氧化碳和结合水的过程。煅烧过程中发生脱水、分解和化合等物理化学变化，例如，碳酸钙渣经煅烧再生石灰。

（2）焙烧：焙烧是在适宜条件下将物料加热到一定的温度（低于其熔点），使其发生物理化学变化的过程。根据焙烧过程中的主要化学反应和焙烧后的物理状态，可分为烧结焙烧、磁化焙烧、氧化焙烧、中温氯化焙烧、高温氯化焙烧等。

（3）烧结：烧结是将粉末或粒状物质加热到低于主成分熔点的某一温度，使颗粒粘结成块或球团，提高致密度和机械强度的过程。为了更好地烧结，一般需在物料中配入一定量的熔剂，如石灰石、纯碱等。

（4）溶剂浸出法：使固体物料中的一种或几种有用金属溶解于液体溶剂中，以便从溶液中提取有用金属。这种化学过程称为溶剂浸出法。按浸出剂的不同，浸出方法可分为水浸、酸浸、碱浸、盐浸和氰化浸等。

石灰石

溶剂浸出法在固体废物回收利用有用元素中应用很广泛，如用盐酸浸出固体废物中的铬、铜、镍、锰等金属；从煤矸石中浸出结晶三氯化铝、二氧化钛等。

（5）热分解（或热裂解）：热分解是利用热能切断大分子

量的有机物，使之转变为含碳量更少的低分子量物质的工艺过程。应用热分解处理有机固体废物是热分解技术的新领域。通过热分解可在一定温度条件下，从有机废物中直接回收燃料油、气等。适于采用热分解的有机废物有废塑料（含氯者除外）、废橡胶、废轮胎、废油及油泥、废有机污泥等。

（6）焚烧处理：焚烧法是一种高温热处理技术，即以一定的过剩空气量与被处理的废物在焚烧炉内进行氧化燃烧反应。废物中的有害毒物在高温下氧化、热解而被破坏。这种处理方式可使废物完全氧化成无毒害物质。焚烧技术是一种可同时实现废物无害化、减量化、资源化的处理技术。

焚烧法可处理城市垃圾、一般工业废物和有害废物，但当处理可燃有机物组分很少的废物时，需补加大量的燃料。一般来说，发热量小的垃圾不适宜焚烧处理；发热量大于5 000kJ/g的垃圾属高发热量垃圾，适宜焚烧处理并回收其热能。

小型垃圾焚烧炉

2. 生物处理技术

生物处理法可分为好氧生物处理法和厌氧生物处理法。好氧处理法是在水中有充分溶解氧存在的情况下，利用好氧微生物的活动，将固体废物中的有机物分解为二氧化碳、水、氨和硝酸盐。

厌氧生物处理法是在缺氧的情况下，利用厌氧微生物的活动，将固体废物中的有机物分解为甲烷、二氧化碳、硫化氢、氨和水。生物处理法具有效率高、运行费用低等优点，固体废物处理及资源化中常用的生物处理技术有：

（1）沼气发酵：沼气发酵是有机物质在隔绝空气和保持一定的水分、温度、酸和碱度等条件下，利用微生物分解有机物的过程。经过微生物的分解作用可产生沼气。

沼气是一种混合气体，主要成分是甲烷和二氧化碳。其中甲烷占60%～70%，二氧化碳占30%～40%，还有少量氢、一氧化碳、硫化氢、氧和氮等气体。城市有机垃圾、污水处理厂的污泥、农村的人畜粪便、作物秸秆等皆可作产生沼气的原料。为了使沼气发酵持续进行，必须提供和保持沼气发酵中各种微生物所需的条件。沼气发酵一般在隔绝氧的密闭沼气池内进行。

（2）堆肥：堆肥是将人畜粪便、垃圾、青草、农作物的秸秆等堆积起来，利用微生物的作用，将堆料中的有机物分解，产生高热，以达到杀灭寄生虫卵和病原菌的目的。

堆肥分为普通堆肥和高温堆肥，前者主要是厌氧分解过程，后者则主要是好氧分解过程。堆肥的全程一般约需一个月。为了加速堆肥和确保处理效果，必须控制以下几个因素：

①堆内必须有足够的微生物；②必须有足够的有机物，使微生物得以繁殖；③保持堆内适当的水分和酸、碱度；④适当通风，供给氧气；⑤用草泥封盖堆肥，以保温和防蝇。

（3）细菌冶金：细菌冶金是利用某些微生物的生物催化作用，使矿石或固体废物中的金属溶解出来，从溶液中提取所需要的金属。

细菌冶金与普通的“采矿—选矿—火法冶炼”比较，具有如下几个特点：①设备简单，操作方便；②特别适宜处理废矿、尾矿和炉渣；③可综合浸出，分别回收多种金属。

饶有趣味的是，科学家们正在研究利用植物吸取和回收被污染土壤的金属。

例如，美国杜邦公司过去由于化学工业的发展而使特拉华河湾的一片森林变为不毛之地，现在，正在这块土地上种植豚草，通过它清除大量高浓度的铅。同时投资几十亿美元，回收和利用这些土地上的数百种化学物质。

豚　草

其他国家的许多大公司都在进行同样的实验，利用植物清除化学物质。可以毫不夸张地说，这些研究成果一旦走出实验室，在广阔的大地上推广应用，地球环境就会有较大的改观，向人类提供“净土”。

知识点

厌氧生物和好氧生物

厌氧生物，或称厌气生物，是指一种不需要氧气生长的生物，而当中一般都是细菌。它们大致上可以分为三种，即专性厌氧生物、兼性厌氧生物及耐氧厌氧生物。

好氧生物是生活在氧中的生物。严格的好氧生物不能在没有空气的环境中生活。主要包括动物、植物和好氧微生物。

延伸阅读

细菌与人类生活

广义的细菌即为原核生物，是指一大类细胞核无核膜包裹，只存在称作拟核区的裸露 DNA 的原始单细胞生物，包括真细菌和古生菌两大类群。人们通常所说的为狭义的细菌。狭义的细菌为原核微生物的一类，是一类形状细短，结构简单，多以二分裂方式进行繁殖的原核生物，是在自然界分布最广、个体数量最多的有机体，是大自然物质循环的主要参与者。

细菌对环境、人类和动物既有用处又有危害。一些细菌成为病原体，导致了破伤风、伤寒、肺炎、梅毒、霍乱和肺结核。在植物中，细菌导致叶斑病、火疫病和萎蔫。感染方式包括接触、空气传播、食物、水和带菌微生物。病原体可以用抗生素处理，抗生素分为杀菌型和抑菌型。

细菌通常与酵母菌及其他种类的真菌一起用于发酵食物，例如在醋的传统制造过程中，就是利用空气中的醋酸菌使酒转变成醋。其他利用细菌制造的食品还有奶酪、泡菜、酱油、醋、酒等。细菌也能够分泌多种抗生素，例如链霉素即是由链霉菌所分泌的。

细菌能降解多种有机化合物的能力也常被用来清除污染，称作生物复育。举例来说，科学家利用嗜甲烷菌来分解美国佐治亚州的三氯乙烯和四氯乙烯污染。

细菌对人类活动也有很大的影响。一方面，细菌是许多疾病的病原体，包括肺结核、淋病、炭疽病、梅毒、鼠疫、沙眼等疾病都是由细菌所引发。然而，人类也时常利用细菌，例如奶酪及优格的制作、部分抗生素的制造、废水的处理等，都与细菌有关。在生物科技领域中，细菌有也着广泛的运用。

营造生物多样性环境

环境保护如果只注重污染防治，而忽视生态保护，很难实现环境质量的根本好转。随着环境保护的深入发展，对一个地区环境质量的衡量，将不再局限于“水、气、声、渣”，而是要综合考虑污染和生态的各项指标。只有这样，才能全面、准确地判定这一区域的综合环境质量。

生物的多样性

生物多样性对人类和生物圈来说是一种不可替代的财产。它不仅提供现时的利益，也提供长期的利益。它的维持对世界范围的持续发展是十分重要的。保护生物多样性是生态保护的一个重点。

生物区域管理可能是表现为最有雄心的整体化措施，就是在管理整个区域时考虑到生物多样性的思想。如果将政府职责划分为孤立的林业、农业、公园和渔业部门，并不能反映出生态、社会或经济的协调发展。“生物区域”措施要求跨部门的，甚至有时是越境的合作和整体性，并且让受影响的全体居民广泛参与。

生物区域是指具有很高的生物多样性保护价值的地区，在这些区域内建立起管理制度来协调公共和私人土地拥有者的土地利用规划，确定满足人类需求但不损害生物多样性的可供选择的发展方案。这一思想的成功决定于能否唤起各个不同利益者之间的合作。

为了实现保护生物多样性的目标，需要采取许多具体措施，协调发展。

就地保护——自然保护区

就地保护是指保护生态系统和自然生境以及维持和恢复物种在其自然环境中有生存力的群体。“保护区”是指一个划定地理界限，为达到特定保护目标而指定或实行管制的地区。自然保护区是生物多样性就地保护的重要基地，在全世界得到普遍推广。全世界建立的各类自然保护区已超过1万个。

自然保护区的主要保护对象是具有一定代表性、典型性和完整性的各种自然生态系统，野生生物物种，各类具有特殊意义的、有价值的地质地貌、地质剖面和化石产地等自然遗迹。但最主要的保护对象仍是生物物种及其自然环境所构成的生态系统，即生物多样性。

自然保护区中的生物

自然保护区属于就地保护，是最有力、最高效的保护生物多样性的方法。就地保护，不仅保护了生境中的物种个体、种群、群落，而且保护和维持了所在区生态系统的能量和物质的运动过程，保证了物种的生存发育和种内的遗传变异度。因此，就地保护对生态系统、物种多样性和遗传多样性3个水平都得到最充分的最有效的保护，是保护生物多样性的最根本的途径。

自然保护区是留给野生动植物的宝贵栖息地。自然保护区是人类的一种创造，是人类为了对付自身的环境破坏而采取的一项补球措施，为的是给野生动植物留下一块宝贵的栖息地。

移地保护

移地保护是指将生物多样性的组成部分移到它们的自然环境之外进行保

护。移地保护主要适应于受到高度威胁的动植物物种的紧急拯救。移地保护往往是单一的目标物种，如利用植物园、动物园和移地保护基地和繁育中心等对珍稀濒危动植物进行保护。

我国的植物园于20世纪80年代以来发展很快，有用于科学研究的综合性植物园或药用植物园，有以收集树种为主的树木园，还有观赏植物园等。我国植物园保存的各类高等植物有23 000种。

大熊猫

我国现代的动物园大多兴建于20世纪50年代后，50年代是一个高潮，大约占动物园总数的34%，60—70年代建立的数量也占到24%，再加上50年代前建立的动物园，三部分共占66%。我国目前并没有完全意义上的野生动物园。这些野生动物园实质上是指那些半开放式动物园。这些所谓野生动物园仍然是人工模拟自然环境、人工投喂的半圈养方式。我国动物园在珍稀动物的保存和繁育技术方面不断取得进展，许多珍稀濒危动物可以在动物园进行繁殖，如大熊猫、东北虎、华南虎、雪豹、黑颈鹤、丹顶鹤、金丝猴、扬子鳄、扭角羚、黑叶猴等。

野生动植物移地保护的主要问题是植物园、保护基地和繁育中心的数量和规模不够，移地保护物种的种群小，不能满足多基因库样本的要求。由于经费不足，难以支付移地保护动物的高额费用，经常对被保护对象，如华南虎的繁育需要加以限制，实行计划生育，使该物种个体数目前不到40头。

使当地居民参与保护计划的制订和管理，能够解决生物多样性丧失的以下几个问题：不平等、无知和政策及经济体制的失败。地方参与往往可导致政策的变革和更公平的资源分配。

印度尼西亚的阿法克山自然保护区就采取了上述的管理方法。它是由印度尼西亚森林保护和自然保护理事会以及世界野生生物基金会共同提出的方案。保护区的目的是：维护一个自然再生的雨林；允许按传统方法使用森林而使当地居民受益；使保护区成为区域发展规划的一部分；提高当地的环境意识和科研水平。保护区开发的各个方面，都来自上述理事会和当地政府之间一系列会议达成的一致意见。

知识点

种 群

种群是指在一定时间内占据一定空间的同种生物的所有个体。种群中的个体并不是机械地集合在一起，而是彼此可以交配，并通过繁殖将各自的基因传给后代。种群是进化的基本单位，同一种群的所有生物共用一个基因库。

延伸阅读

我国的自然保护区建设

我国古代就有朴素的自然保护思想，例如，《逸周书·大聚篇》就有这样的记载："春三月，山林不登斧，以成草木之长。夏三月，川泽不入网罟，以成鱼鳖之长。"官方有过封禁山林的措施，民间也经常自发地划定一些不准采伐的地域，并制定出若干乡规民约加以管理。这些客观上起到了保护自然的作用，有些已具有自然保护区的雏形。

中华人民共和国成立后，在建立自然保护区方面得到了发展。1956 年我国建立了第一个具有现代意义的自然保护区——鼎湖山自然保护区。1988 年底，已建立各级自然保护区 460 处，其面积约占国土面积的 2.4%。到 1993 年，我国已建成保护区 700 多处，其中国家级自然保护区 80 多处。其中吉林省长白山自然保护区、广东省鼎湖山自然保护区、四川省卧龙自然保护区、贵州省梵净山自然保护区、福建省武夷山自然保护区和内蒙古自治区锡林郭勒自然保护区已被联合国教科文组织的"人与生物圈计划"列为国际生物圈保护区。

截至2005年底，我国自然保护数量已达到2 349个（不含港澳台地区），总面积约占我国陆地领土面积的14.99%。在现有的自然保护区中，国家级自然保护区243个，占保护区总数的10.34%，地方级保护区中省级自然保护区773个，地市级保护区421个，县级自然保护区912个，初步形成类型比较齐全、布局比较合理、功能比较健全的全国自然保护区网络。

我国自然保护区体系的特点是面积小的保护区多，超过10万公顷的保护区不到50个；保护区管理多元化；多数保护区管理级别低，县市级保护区数量占46%，面积占50.3%。

按保护目的，我国的自然保护区可以分为：

1. 以保护完整的综合自然生态系统为目的的自然保护区。例如以保护温带山地生态系统及自然景观为主的长白山自然保护区，以保护亚热带生态系统为主的武夷山自然保护区和保护热带自然生态系统的云南西双版纳自然保护区等。

2. 以保护某些珍贵动物资源为主的自然保护区。如四川卧龙自然保护区和王朗自然保护区以保护大熊猫为主，黑龙江扎龙和吉林向海自然保护区以保护丹顶鹤为主；四川铁布自然保护区以保护梅花鹿为主等。

3. 以保护珍稀孑遗植物及特有植被类型为目的的自然保护区。如广西花坪自然保护区以保护银杉和亚热带常绿阔叶林为主；黑龙江丰林自然保护区及凉水自然保护区以保护红松林为主；福建万木林自然保护区则主要保护亚热带常绿阔叶林等。

4. 以保护自然风景为主的自然保护区和国家公园。如四川九寨沟、缙云山自然保护区，江西庐山自然保护区，台湾省的玉山国家公园等。

5. 以保护特有的地质剖面及特殊地貌类型为主的自然保护区。如以保护近期火山遗迹和自然景观为主的黑龙江五大连池自然保护区；保护珍贵地质剖面的天津蓟县地质剖面自然保护区；保护重要化石产地的山东临朐山旺万卷生物化石保护区等。

6. 以保护沿海自然环境及自然资源为主要目的的自然保护区。主要有台湾省的淡水河口保护区，兰阳、苏花海岸等沿海保护区；海南省的东寨港保护区和清澜港保护区（保护海涂上特有的红树林）等。

绿化造林好处多

地球表面的大气圈、水圈、生物圈的生态平衡发生了巨大变化，各种灾害频繁发生，严重地威胁着人类生存。水土流失严重，沙漠化面积扩大，森林面积减少，湿地减少，生物物种减少，水资源紧缺，水灾、旱灾、沙尘暴频繁发生。绿化造林是其中的重要措施之一。

森林是地球陆地生物圈的重要组成部分，是整个生态系统中的主体，也是人类社会发展的重要条件。正如施里达斯·拉夫尔爵士所说："森林在我们星球的生命系统中是一个非常宝贵的环节。它们是生态系统功能中的重要一部分，没有它们，人类开始就不可能在地球上生存，而且几乎可以肯定，以后也不可能在地球上生存。"

森林不仅能够为人类提供建筑木材、造纸的纸浆、药品原料、工业原材料以及世界一半家庭的炊用燃料，而且还能够防风固沙、保持水土、涵养水源、调节气候、改良土壤、净化空气等，以维持地球生态平衡和改善生态环境。

树木可以调节全球气候。森林是碳的巨大天然贮存库，它能吸入二氧化碳并把它贮存下来，是稳定地保持空气中二氧化碳含量的一种珍贵物质。当森林被毁坏，大气中二氧化碳的增加将引起地球的平均温度升高，南北极的冰块融化致使海平面上升，最后导致人类大难临头。大力植树造林则可以有效地调整温度。

其次，树能防风固沙，涵养水土。林木不断发展的根系，穿插交织，牢固地团聚土块，改良了土壤，使森林生长茂盛，更好地发挥它的作用。实践告诉我们，森林能有效阻止风沙，林带能在 25 倍林高范围内明显

沙尘暴

防护林

降低风速。森林土壤有良好的渗透性，能吸收和滞留大量的降水。

树木能调节气候，保持生态平衡。树木通过光合作用，吸进二氧化碳，吐出氧气，使空气清洁、新鲜。每667平方米树林放出的氧气够65人呼吸一辈子。

树林能减少噪声污染。40米宽的林带可减弱噪声10～15分贝。噪声的污染对人类的生活、学习、工作、休息等方面都造成了很大的危害，可以说是人们的“敌人”。噪声还可以使人类在长期的生活中听力减弱、耳聋、变傻，心脏、血压、神经等出现异常。甚至还能让人在长期的噪声煎熬下死亡。这样树林就能使噪声减小四五倍。因此，我们要重视植树造林。

树木能净化空气。树木的分泌物能杀死细菌。空地每立方米空气中有三四万个细菌，森林里只有三四百个。还能吸收各种粉尘，每667平方米树林一年可吸收各种粉尘20～60吨。

森林能调节气候，增加降雨。林区的空气湿度通常要比无林区高10%～25%，据试验，在夏季500米高空范围内，有林地区比无林区气温低8℃～10℃，含水量高10%～20%。

绿化造林是防治大气污染较为经济而有效的措施，因为植物具有过滤各种有害气体、净化大气、减弱噪声、调节气候、美化环境的功能。森林植被不但可以提供木材，而且还能防止水土流失、预防风沙、干旱、洪涝等自然灾害。

无数事实证明，森林植被的破坏不仅影响人类社会经济的发展，而且必然会破坏整个生态中各个因素的平衡关系，致使自然生态失调。所以，加强对森林资源的保护和管理，大力植树造林，对于促进人类社会的持续发展，具有十分重要的作用。

南美热带雨林

目前森林资源的快速消失，主要是由于热带雨林砍伐速度加快造成的。所以，热带雨林的过快砍伐以及因此而引起的经济、社会和环境方面的损失已引起国际社会的高度重视。对热带雨林进行管理和保护势在必行。

人类开始大规模地使用热带木材，仅有30年的历史。这期间的一个重要的原因就是对热带木材的大量需求。为了保护自己国内的森林资源，欧洲国家向非洲、美国向中南美、日本向东南亚都伸出了索取木材资源之手。

1988年以来，欧洲共同体、美国和其他木材进口国采取了决定性的步骤限制木材进口。其中有些做法是高度强制性的，例如美国努力限制从缅甸进口柚木，英国的查尔斯王子呼吁禁止进口不能持续生长的木材。而德国的措施更加彻底，1989年联邦政府正式停止使用热带木材。这种单方面的抵制确实减少了对热带木材的需求，但这样做的同时也降低了木材的价值和森林的价值，所以对这种单方面的减少热带木材需求还有许多异议。

现在，我们了解了植树造林这么多的好处，我们就更要自觉履行植树造林的义务，为创造我们美好的家园奠定基础。植树造林不仅对于人类的生存具有十分重要的环境效益，而且对于人类的生产和生活具有巨大的经济效益。

知识点

沙尘暴

沙尘暴是沙暴和尘暴两者兼有的总称，是指强风把地面大量沙尘物质吹起并卷入空中，使空气特别混浊，水平能见度小于1 000 米的严重风沙天气现象。其中沙暴系指大风把大量沙粒吹入近地层所形成的挟沙风暴；尘暴则是大风把大量尘埃及其他细粒物质卷入高空所形成的风暴。

延伸阅读

我国防护林工程

我国在春秋战国时就已提出过要保护森林，禁山泽，防止水土流失。南宋淳祐三年（1243）魏岘所著《四明山水利备览》为古书中较早、较系统阐述森林的作用的一部著作。清末梅曾亮所著《书棚民事》中，则描述了山地开荒之害，特别是较详尽地阐述了森林涵养水源的作用。风沙地区的人民多运用造林种草来防风固沙，以保障农业生产。

19 世纪初，俄国一些学者在俄国的欧洲部分营造了防止干旱风，保障农业生产的草原防护林，并首先建立试验研究站开展农田防护林的科学研究工作。此后，有了美国西部防护林计划、苏联欧洲部分斯大林改造自然计划。我国在 1949 年以来规划营造的东北西部、内蒙古东部防护林，在防止自然灾害、改善当地人民生产生活条件方面发挥了良好的作用。

1978 年 11 月，经我国政府批准，开始兴建的“三北”（东北、华北、西北）防护林体系建设工程，被称为绿色长城。它涉及到 11 个省（区）的范围。

“三北”防护林又称修造绿色万里长城活动。1978 年，国家决定在西北、华北北部、东北西部风沙危害、水土流失严重的地区，建设大型防护林工程，即带、片、网相结合的“绿色万里长城”。规划范围包括新疆、青海、宁夏、内蒙古、甘肃中北部、陕西、晋北坝上地区和东北三省的西部共324个县（旗），农村人口4 400万，总面积39亿亩。以求能锁住风沙，减轻自然灾害。

按照工程建设总体规划，从1978年开始到2050年结束，分三个阶段、八期工程，建设期限73年，共需造林5.34亿亩。在保护现有森林植被的基础上，采取人工造林、封山封沙育林和飞机播种造林等措施，实行乔、灌、草结合，带、片、网结合，多树种、多林种结合，建设一个功能完备、结构合理、系统稳定的大型防护林体系，使三北地区的森林覆盖率由5.05%提高到14.95%，沙漠化土地得到有效治理，水土流失得到基本控制，生态环境和人民群众的生产生活条件从根本上得到改善。

环境保护农业的兴起

美国夏威夷有个农场，它为了保护生态环境，生产健康食品，近20年来从未使用过化肥、农药、除草剂、地膜和其他人工合成化工产品；只是运用现代化农业理论，吸收当代农业科技优秀成果，施用有机肥，选用抗病虫害强的品种，实行轮作或间作，培育病虫害天敌，喷施天然药剂等，生产蔬菜、木瓜、菠萝、香蕉、咖啡等。由于这些产品无污染，有益于人类健康，保护自然资源和改善环境质量，深受消费者欢迎，十分畅销。

1990年，美国大约有600种新的绿色产品问世，其中，有许多是为儿童生产的。美国“小世界产品集团”生产的动物饼干，上面有11种濒临灭绝动物的图案。这种饼干是用生物技术种植的粮食面粉生产的，包装用的是能被生物递降分解的纸板盒。

绿色无公害蔬菜

人们称这种产品为环境保护农产品，称这种农业为环境保护农业。它是替代传统农业的新方法。

半个多世纪以来，发达国家的石油农业迅速发展，实质上是通过大量机械、化肥、农药的投入，换取农业的高产。但是，它导致土壤结构被破坏，农作物抗灾性降低，农产品残毒量倍增，环境遭污染，影响人的身体健康和其他生物之间的平衡。

20 世纪 70 年代后，欧美许多国家提出“有机农业”、“生物农业”和“生态农业”等理论，试图找到一种更为理想的不污染环境，使资源和环境得到保护的农业制度。这些理论虽然侧重点不同，但本质是一致的。

例如，有机农业强调不用农药、化肥，靠生物学方法维持土壤肥力和防除病虫杂草；生物农业强调生物学过程，以有机肥代替化肥，以生物防治病虫害替代化学防治病虫害；生态农业强调人精心地管理农业，使其与自然秩序相和谐，更多地利用自然控制，不是靠农药、化肥等获取能量，达到增产目的。

它们的共同点是降低能量消耗，保护自然资源，改善环境质量，防止污染，提高食物品质等。因此，也叫“环境保护农业”。

环境保护农业

环境保护农业在日本早已悄然兴起。长期来，日本的水稻是浸泡在农药和化肥中长大的。据农林水产省调查，每 1 000 平方米水田一年使用的农药费用为 7 300 日元，相当于美国的 5.2 倍，使用的磷肥是美国的 2 倍，钾肥是美国的 25 倍。

1990 年起，新县的武石定夫在 4 000 平方米水田上进行试验，将鱼渣滓、豆饼、菜籽饼发酵，用作肥料。收获后的稻谷粒大发光，但产量下降了 15%。武石定夫于是到富山、秋田两县的试验栽培场取经求教，学到了两个新方法：一是在水田中放养杂种鸭，让鸭子吃水田中的杂草和害虫；二是在插秧季节，将残留着稻草和稻秆的水田不加耕作插上秧苗，以此控制杂草生长。

由于武石定夫的努力，绿油油的稻子在盛夏的微风中轻轻摇曳，稻田中一只只杂种鸭在自由自在地嬉戏，田里的稗草已长不起来，大米质量有了很大提高。邻近的农民深受启发，竞相仿效。1991 年有 100 户农民采用了武石定夫的水稻种植法，现在已增加到 1 000 多户。

值得注意的是，日本正在发展“植物工厂”。这是一种可高水平控制环境的植物常年生长系统。在这个系统中，它不使用土，而采用水耕栽培。通过光、温度、湿度、二氧化碳浓度、肥料等的控制，使所栽培的植物能够在短期内最有效地生长和收获。

这种植物工厂实际上是使农业工业化，有利于环境的保护。日本已开始向海外出口“植物工厂”技术。

在欧洲，环境保护农业发展较早，也较迅速。1972 年成立的“国际有机农业运动协会”规定，整个企业的所有生产项目都必须按有机农业方式进行，在作物生产中禁止使用化学合成氮肥，其他易水溶的肥料、化学植保药剂和化学贮藏保护药剂；在畜牧业生产中禁止使用人工激素和其他增产剂。为了保护和促进有机农业的发展，制止日益突出的常规农产品对有机农产品的假冒现象。

1991 年 6 月，欧共体首次通过法律规定，只有那些严格按照规定方法生产出来的农产品以及加工品（其中有 95% 是有机农产品成分），才允许冠以有机农产品的标签。有关企业都必须接受有关部门的监督。

我国有机食品认证标志

据不完全统计，目前，世界每年生产的有机农产品约有四分之三是西欧消费的。其中，消费水平较高的有奥地利、瑞士、英国、卢森堡和德国，其用于有机农产品的消费支出占其食品消费总支出的 1% 左右，丹麦、荷兰、比利时、法国等为 0.5% 左右，西班牙、葡萄牙、意大利、爱尔兰等不到 0.2% 。

据估计，在 21 世纪，环境保护农业将继续保持大幅度增长。出口国除了欧洲的一些国家外，主要有美国、以色列、加拿大、澳大利亚、墨西哥等，非洲、南美洲一些国家也生产一些生态农产品，几乎全部用于出口。

环境保护农产品深受消费者欢迎，但产量较低，因而，其价格较贵。不过一般来说，生产生态农产品的农场经济效益较好。

我国有数千年传统农业的精华技艺。例如，实行精耕细作，通过轮作、间作、套种等提高单产，充分利用农家肥料，种植绿肥，用地养地结合等。但是，长期来对环境保护农业的认识不足，受西方石油农业思想的影响，在人口不断增长的压力下，不得不毁林、毁草开荒，围湖围海造田，导致水土流失，地力衰退，土地沙化、碱化等，使生态平衡失调和生态环境恶化。尤其是近年来，乡镇企业迅猛发展，加速了城市污染工业向农村扩散。一些农产品由于含过量毒物而不能食用，直接影响出口创汇，危及作物和人体健康。

农村沼气建设

因此，我们应该大力发展环境保护农业，闯出一条我国农业发展的新路子。可喜的是，我国在平原地区，利用秸秆、粪便等努力发展沼气，供照明做饭取暖，并用消过毒的饲料和鸡粪喂猪，用沼气渣养鱼，用沼气肥下地，既增产了粮食，又促进了畜牧业发展。牲畜的增加，又推动了沼气的发展，形成了以沼气为中心的多层多级高效生态农业体系。

美国开始在探索一种农业持续发展的新模式。它将轮作、翻耕整地、施肥和防治病虫害技术综合配套使用，达到保护生态环境和农业持续发展的目的。

美国国会为此于1990年10月通过了食品、农业、保护和贸易法案。它将持续农业定义为：是“一种因地制宜的动植物综合生产系统。在一个相当长的时期内能满足人类对食品和纤维的需要；提高和保护农业经济赖以维持的自然资源和环境质量；最充分地利用非再生资源和农场劳动力，在适当的情况下综合利用自然生态周期和控制手段；保持农业生产的经济活力；提高农民和全社会的生活质量”。

为实施该方案，美国政府成立了持续农业顾问委员会；实施农业水源质量奖励，对那些采用保护性耕种方式的农民提供补贴；鼓励农民实行轮作；实施综合农场管理，鼓励农场种植大豆、燕麦等作物，如果种植面积不低于其基本种植面积的20%，农场依然可获得政府补贴。另外，政府还在全国实施持续农业的教育和培训，开展科学研究和技术推广，以促进这一新模式的施行。

但是，持续农业在美国仍然处于起始阶段，真正转向持续农业经营方式的农民仍是少数。

知识点

绿色食品

绿色食品在我国是对具有无污染的安全、优质、营养类食品的总称，是指按特定生产方式生产，并经国家有关的专门机构认定，准许使用绿色食品标志的无污染、无公害、安全、优质、营养型的食品。

1990 年 5 月，我国农业部正式规定了绿色食品的名称、标准及标志。标准规定：

1. 产品或产品原料的产地必须符合绿色食品的生态环境标准；

2. 农作物种植、畜禽饲养、水产养殖及食品加工必须符合绿色食品的生产操作规程；

3. 产品必须符合绿色食品的质量和卫生标准；

4. 产品的标签必须符合我国农业部制定的《绿色食品标志设计标准手册》中的有关规定。

延伸阅读

轮作、间作、套种的生物学原理

农业上常采用轮作、间作、套种等生产措施，以提高农作物的单位产量和年产量。那么，这三种农耕经验中究竟渗透了怎样的生物学知识原理呢？

轮作：在同一块土地上，有顺序地在季节间或年间轮换种植不同的作物或在一年内连续种植超过一熟（茬）作物的种植模式，俗称换茬或倒茬。

既能显著提高土地利用率，同时也延长了有限土地面积的年有效光照时间，从而提高了光能利用率，提高了作物的单位面积年总产量。轮作是农耕中用地养地相结合的一种生物学措施，主要优点表现在以下三个方面：

其一，能均衡地利用土壤养分。不同的农作物对各种矿质养料的需求量不同，而其根系发达程度所决定的入土深度的不同也导致了它们可以利用不同层次土壤养分；另外，不同作物吸收养分形态也有一定的差异，如：小麦只能吸收易溶性磷，而豆类往往能吸收难溶性磷。

其二，能改善调节土壤肥力。轮作可以适当改变土壤的理化性质。不同作物根系对土壤理化性状影响不同，其返回土壤有机质也不同，这调节了土壤有机质含量；实施水旱轮作，可以改善土壤结构；有些轮作还能消除土壤中有毒有害物质。

其三，能减轻病虫和杂草危害。轮换作物，可以在种间关系特别是营养关系（食物链）的变化上达成病虫和杂草的自然防治，如斩断寄生、减少伴生性杂草等；水旱轮作，改变了生物的生存环境，也在一定程度上调整了农业生态的结构。

间作：在同一块土地上，同时（一茬）有两种或两种以上生育季节相近的作物成行或成带（多行）间隔种植的一种模式。

农耕中通常是将长势较高的喜阳作物与较矮的喜阴作物进行搭配，如玉米和大豆间作。

由于间作的两种农作物有较长的共同生长期，不同作物之间常存在着对阳光、水分、养分等的激烈竞争，因此选择合适的作物搭配，尽可能降低它们之间的竞争，是间作的关键。株型上要一高一矮、叶型上的一尖一圆、根系上要一深一浅、成熟期上要一早一晚、种植密度上要一宽一窄，以形成良好的时空层次的复合种植群体，通风透光，才可以实现资源和空间上的有效和最大化利用，保证产量。

间作的主要意义是在于增加单位土地的有效光合面积，提高光能利用率。同时，合理的间作，还可以在作物间产生互补效应，提高土地资源利用率。

如宽窄行间作或带状间作中的高秆作物有一定的边行优势、豆科与禾本科间作有利于补充土壤氮元素的消耗等，从而实现高产、稳产和高效益。

套种：在前季作物生长后期的株行间播种或移栽后季作物的一种种植模式，也称套作或串种。

一般套种与间作一起表述，不做细致区分，但它们最大的区别在于前者作物的共生期很短，一般不超过套种作物全生育期的一半，而间作作物的共生期至少占一种作物的全生育期的一半。因此，套种是侧重于在时间上集约利用光热水资源，而间作则是侧重于在空间上集约利用光热水资源。

套种不仅能阶段性地充分利用空间，更重要的是延长了后季作物的生长期，增加了单位土地的有效光照时间，从而增加了光能利用率，提高了年总产量。

环境保护企业的出现

保护地球，保护人类生存和发展的环境，已成为国际社会的共同呼声。

随着人类环境保护意识的增强，绿色产品备受欢迎，环境保护技术日新月异，环境保护产业已成为各国经济发展的重要部门。一些有作为的科学家和有远见的企业家纷纷行动起来，为拯救地球而贡献其知识和力量。他们在事业中已取得丰硕的成果。

法国中部的阿拉德公司造纸厂很长时间内一直都将污水排入罗瓦河。后来，该公司决定净化污水。于是，与专门净化饮用水和处理工业废水的保利满有限公司合作，建造了一座价值 1 000 万法郎的污水处理厂。现在，人们可以去造纸厂旁边垂钓了。他们正计划将该技术推广到其他 20 多家造纸厂。该公司的技术部主任瑞内·拉尚伯尔说，这家污水处理厂并没有为我们带来更多利润，但正如我们老板所说的，只要大家都能爱护这条河，我们就心满意足了。

实际上，保护环境对于企业来说，不但可以节省开支，而且能增加竞争力。《企业和环境》一书作者乔格·温特说：“总经理可以不理会环境的时代已经过去了。将来，公司必须善于管理生态环境，才能赚钱。”

污水处理

据瑞士国际管理发展研究所1990年对100名企业主管人员进行的调查，其中有79名说他们已大量投资，发展各种可进行生物分解或易于再循环的新产品。一些管理基金的人制定投资策略时，越来越多地考虑公司在环境保护方面的表现。

在这种情况下，不少大公司纷纷加入环境保护行列。可口可乐公司在全世界推行可以再循环使用的罐子。在美国，麦当劳快餐店改用可以再循环的纸来包汉堡包，不再使用那些不易处理的聚苯乙烯盒子。法国化妆品著名企业奥雷阿尔公司耗费2亿法郎，经过10年研究，终于发现了可以不再在喷雾剂容器中使用那些损害臭氧层的氯氟烃的新方法。比利时德科斯特家族经营的屠宰场投资2 700万比利时法郎，建造了一座新的污水处理厂。

一些零售商也积极地跟上，加入了环境保护运动行列。德国的滕格尔曼超级市场集团通知供应商，所有含纤维素的产品和包装品都不得含氯。丹麦的埃尔玛超级市场集团也规定，所有包装中不得有一切有害身体健康的物质。瑞士最大的零售公司米格罗斯发展了一种电脑程序，用来记录从生产到垃圾处理过程中，产品的包装对空气和水土造成的污染情况，看看是否符合“生态平衡”标准。一种产品如果不符合标准，超级市场就不卖它。

甚至，原来对环境污染严重的企业，例如，德国的赫施、拜耳、亨克尔、巴斯夫等化学工业大公司，现在也成了欧洲绿色企业。它们共投资20多亿马克推行环境保护，发展环境保护企业。大众汽车公司发明了一种新型涡轮增压柴油引擎，耗油量比传统的节省30%，排出的一氧化碳也减少了20%。它还耗资10亿马克兴建新的油漆厂，将完全不用化学溶剂，改用水基漆。

1988年，意大利的蒙特卡蒂尼－爱迪生化学公司历经10年，耗费3 000亿里拉，发明了一种可以替代石棉的聚丙烯纤维网，能像石棉那样加强混凝土，却不会制造有毒的气体或液体。该公司总经理说，意大利商人以前不大注意环境保护问题，但现在我们都投资研究清洁技术。在比利时，特雷科供应系统公司制造了一系列容易操作和维修的发电风车，销售给至少12个发展中国家。该公司预测，到2030年，欧洲需用的电将有10%由发电风车供应。

涡轮增压柴油引擎

企业家之所以关心环境保护，是因为环境保护产品深受消费者欢迎。1990年进行的调查表明：67%的荷兰人，82%的西德人，50%的英国人，在超级市场购物时，会考虑到环境污染问题，根据是否有利于环境的因素选购产品。这促使企业家环境保护意识增强，推动环境保护产品日用化，向日常生活中的衣、食、住、行等方面渗透。

在饮食方面，不少制造商已推出电解电离子式、逆渗透式、活水纯水机等改善水质的设备，向消费者提供有利于健康和可口的“保健食品”。制造商还推出了节约能源30%的红外线瓦斯炉，处理残羹剩饭的设备等，生产无污染的农副产品。

在居住方面，不少企业提倡生态主义，为消费者提供不会污染、破坏地球生态，及兼顾环境保护观念和实用功能的产品。例如，家居环境保护垃圾桶系列，具有健康测定功能、自行喷洗、排气除臭的抽水马桶系列，供清洁居家环境的杀虫剂、清洁剂系列，能净化居家空气的设备等。

在行的方面，目前，欧、美、日等发达国家已着手开发环境保护汽车，以尽量减少汽车对资源与能源的耗费和对环境的污染。德国已推出可全部回收再造的绿色汽车。美、日的不少企业也正在生产汽油添加剂和除污省油的装置。

此外，随着环境保护意识融入其他行业，出现了绿色化妆、绿色旅游等新潮流。尤其是过去一味在包装上强调高级的化妆品已逐步失宠，顾客日益欢迎能带来自然美的高技术、重环境保护的新型化妆品，那些没有添加剂的“自然色”化妆品更受欢迎。

随着环境保护企业、产业的兴起，一批“生态企业家”应运而生。英国绿党的两位积极分子创立了环境调查公司，为企业提供消除污染的意见，生意极为兴隆。

类似这样的环境保护顾问，1990 年前英国只有 80 名，现在英国在环境技术领域有各类企业 1.7 万家，就业人数 40 万人。企业在这些咨询公司和环境保护顾问的帮助下，不仅减少或消除了对环境的污染，而且提高了产品的竞争力。例如，丹麦的瓦尔德·亨里克森纺织机制造公司所以能抗衡那些与它竞争的亚洲厂商，就是因为它发明、制造了一种新染色机，使纺织厂可大量减少排放有毒的废水。

环境保护技术的兴起将引发一场工业革命。环境保护产业的发展将导致世界经济结构的重大调整。它将使化学工业、金属加工、采矿等这些“肮脏工业”受到最严重的冲击，而以环境保护产品为中心的市场将形成数万亿美元的需求。

知识点

石 棉

石棉又称“石绵”，指具有高抗张强度、高挠性、耐化学和热侵蚀、电绝缘和具有可纺性的硅酸盐类矿物产品，是天然的纤维状的硅酸盐类类矿物质的总称。

石棉由纤维束组成，而纤维束又由很长很细的能相互分离的纤维组成。石棉具有高度耐火性、电绝缘性和绝热性，是重要的防火、绝缘和保温材料。

石棉下辖 2 类共计 6 种矿物，有蛇纹石石棉、角闪石石棉、阳起石石棉、直闪石石棉、铁石棉、透闪石石棉等。

延伸阅读

我国环境保护行业的发展

随着我国经济的持续快速发展，城市进程和工业化进程的不断增加，环境污染日益严重，国家对环境保护的重视程度越来越高。“十五”期间，由于国家加大了环境保护基础设施的建设投资，有力拉动了相关产业的市场需求，环境保护产业总体规模迅速扩大，产业领域不断拓展，产业结构逐步调整，产业水平明显提升。

在发展循环经济的要求下，从2007年开始，环境保护支出科目被正式纳入国家财政预算；政府对环境保护工作提出了新思路、新对策。受益于此，我国环境保护行业继续高速增长，且增速进一步提高。

2007年，我国采取综合措施推进治污减排，全国装备脱硫设施的燃煤机组占全部火电机组的比例由2005年的12%提高到48%，城镇污水处理率由52%提高到60%，全年全国化学需氧量排放量1 383.3万吨，比2006年下降3.14%；二氧化硫排放量2 468.1万吨，比2006年下降4.66%，主要污染物排放量实现双下降，首次出现了拐点，污染防治由被动应对转向主动防控，环境保护历史性转变迈出坚实步伐。

2008年，国家要求关停1 300万千瓦小火电，淘汰600万吨炼钢、5 000万吨水泥、1 400万吨炼铁等一大批落后产能，削减二氧化硫排放量60万吨，削减化学需氧量排放量40万吨。环境保护产品和服务的需求进一步扩大。2008年上半年，全国化学需氧量排放总量674.2万吨，同比下降2.48%；二氧化硫排放总量1 213.3万吨，同比下降3.96%，新增城市污水处理能力678万吨/日。2008年下半年，受美国金融危机影响，我国为扩大内需，大规模加大基础设施建设，对环境保护产业的投资也进一步加大。

我国环境保护产业还处于快速发展阶段，总体规模相对还很小，其边界和内涵仍在不断延伸和丰富。随着我国社会经济的发展和产业结构的调整，产业内涵扩展的方向将主要集中在洁净技术、洁净产品、环境服务等方面，我国环境保护产业的概念也将演变为“环境产业”或“绿色产业”。

科技环境保护的现在与未来

KEJI HUANJING BAOHU DE XIANZAI YU WEILAI

科学是第一生产力。科学带给我们便捷、舒适的生活，也带来前所未有的破坏力。因此，如果合理地应用，科学技术就能帮我们创造一个更加美好的绿色地球。

传统能源如煤、石油等，对环境污染严重，而且不能再生，因此，科学家们正在研究和开发新能源。新能源是指传统能源之外的各种能源形式。如太阳能、地热能、风能、海洋能、氢能、生物质能和核能等，都是正在积极研究、开发，有待推广的清洁能源。目前，部分可再生能源，如生物质能、太阳能、风能以及水力发电、地热能等的利用技术已经得到了应用，并在世界各地形成了一定的规模。

另外，要从根本上解决能源问题，除了寻找新的能源，节能是关键的也是目前最直接有效的重要措施。在最近几年，通过努力，人们在节能技术的研究和产品开发上都取得了巨大的成果。

以科技拯救地球

科技进步曾加速了人类对地球的索取，污染了地球。事实证明，也只有科技进步才能拯救地球，从根本上治理地球的环境。因此，近年来，许多国家，尤其是发达国家投入了大量资金，加强环境科学和技术的研究。

美国公害防治的科研工作由联邦政府、科学基金会等组织科研机构、高等院校进行。各州还有地区性的研究计划。环境保护局在19个州设有30多个实验室或研究所。其中有3个大型的研究中心，各有研究特色：北卡罗来纳州研究中心，主要研究毒物学、流行病学；俄勒冈州戈伐里研究中心，主要研究生态系统；俄亥俄州辛辛那堤研究中心，主要研究污染控制技术和环境工程。每个研究中心都有约30个实验室。美国科学院设立了环境工程委员会，为环境保护局提供咨询意见。

美国的加利福尼亚州理工学院、马萨诸塞州麻省理工学院、新泽西州律特吉斯大学等设立了环境科学或污染工程学，既培养环境保护科技人才，又承担国家交办的科研任务。他们的主要工作是调查全国性的、地区性的大气、水源、土壤污染情况以及它们的污染源，研究控制和消除污染的办法。例如，燃料的燃烧与脱硫技术；研制电动汽车、蒸汽动力汽车等低污染或无污染汽车；推广工业用水的循环利用；回收和利用固体废物技术。另外，它们还加强基础理论研究；确定环境质量评价的原则和污染标准；调查、监测和分析环境状况的方法；设计环境变化、环境与生态关系、环境污染对人体健康影响的模型；研制测试技术，超微量分析、超纯分析技术与仪器；开发新能源、清洁能源。

加州理工学院

日本以国立公害研究所为中心，加强同中央各部门、地方和企业的合作，建立了三者综合防治公害的科研体制。

国立公害研究所和中央各部研究机构主要研究大气和水质污染问题，同时，负责日本各地公害防治监测数据情报的收集与整理。大学加强基础理论研究，如城市生态学、环境模型、环境气候学、污染质化学、微量污染物影响等。地方科研单位重点研究本地区特有公害的防治，例如，富山县公害防治中心主要研究骨痛病的诊断治疗、镉中毒的机制、镉对土壤的污染及其防治等。企业主要研究本企业的公害防治工作。日本还出台法令规定了各种行业、不同规模工厂的公害防治人员的数量和资格。

英国比较重视“洁净技术”的研究与推广应用。“洁净技术”与如何处理、处置废品、废气、废水等污染物的常规防治技术相反，是一种既有益于环境，又有利于经济发展的积极的、主动的防治污染技术。英国“农业与食品研究委员会”和“科学与工程研究委员会”联合成立了“洁净技术小组”，专门负责组织“洁净技术”研究工作。

污水的净化

德国的环境保护研究工作主要由大学，研究委员会，马科斯—普朗克学会、弗朗霍弗学会所属的研究所，德国工程师协会所属委员会，各工业研究所承担。它们着重研究水质污染对生态系统的影响和污水处理新方法。大力推广燃料脱硫和排气脱硫新方法，研制无铅汽油、使微细灰尘、二氧化硫、氧化氮、氯、氟混合物分离的设备，改进固体废物灰化技术，提高清除放射污染物的效能、改进放射性污水的净化设施等等。

实现可持续发展，各国都应使用清洁生产技术、消耗资源少的技术和提高污染物治理的技术，并且不断地改进和提高这些技术，以便更好地保护环境。科学技术的进步有助于加深对气候变化、资源消耗、人口趋势和环境恶化等问题的分析和研究，从而更好地加强环境管理和发展事业，及时采取预防措施，减少对环境的危害。

所以，加强对全球环境问题的科学研究，采用更先进的方法解决环境问题是持续发展的重要步骤。

知识点

脱　硫

脱硫一般分为烟气脱硫和橡胶专业的脱硫。

烟气脱硫——除去烟气中的硫及硫化物的过程，主要指烟气中的 SO、SO_2，以达到环境要求。

橡胶专业的脱硫指采用不同加热方式并应用相应设备使废胶粉在再生剂参与下与硫键断裂获得具有类似生胶性能的化学物理降解过程。它是制造再生胶过程的一道主要工序，分为水油法、油法。

延伸阅读

环境工程的产生

环境工程是研究和从事防治环境污染和提高环境质量的科学技术。环境工程同生物学中的生态学、医学中的环境卫生学和环境医学，以及环境物理学和环境化学有关。环境工程学是在人类同环境污染作斗争、保护和改善生存环境的过程中形成的。

从给水排水工程来说，我国在公元前2000多年以前就用陶土管修建了地下排水道。古代罗马大约在公元前6世纪开始修建地下排水道。我国在明朝以前就开始采用明矾净水。英国在19世纪初开始用沙滤法净化自来水；在19世纪末采用漂白粉消毒。在污水处理方面，英国在19世纪中叶开始建立污水处理厂；20世纪初开始采用活性污泥法处理污水。此后，卫生工程、给水排水工程等逐渐发展起来，形成一门技术学科。

在大气污染控制方面，为消除工业生产造成的粉尘污染，美国在1885年发明了离心除尘器。进入20世纪以后，除尘、空气调节、燃烧装置改造、工业气体净化等工程技术逐渐得到推广应用。

在固体废物处理方面，历史更为悠久。早在公元前3000—前1000年，古希腊即开始对城市垃圾采用了填埋的处置方法。在20世纪，固体废物处理和利用的研究工作不断取得成就，出现了利用工业废渣制造建筑材料等工程技术。

在噪声控制方面，我国和欧洲一些国家的古建筑中，墙壁和门窗位置的安排都考虑到了隔音的问题。在20世纪，人们对控制噪声问题进行了广泛的研究。从50年代起，建立了噪声控制的基础理论，形成了环境声学。

20世纪以来，根据化学、物理学、生物学、地学、医学等基础理论，运用卫生工程、给水排水工程、化学工程、机械工程等技术原理和手段，解决废气、废水、固体废物、噪声污染等问题，使单项治理技术有了较大的发展，逐渐形成了治理技术的单元操作、单元过程以及某些水体和大气污染治理工艺系统。

太阳能的开发

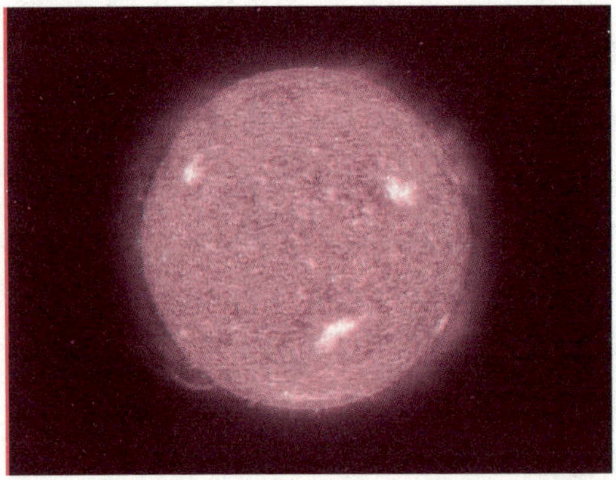

太　阳

太阳是一个炽热的气体球，蕴藏着无比巨大的能量。从根本上讲，现今的一切能量资源归根到底都是太阳的辐射能。据统计，辐射到地球大气层的光和热只占太阳总辐射能的22亿分之一，大约有170万亿千瓦。除去被大气反射和吸收的部分，到达地面的约80万亿千瓦，大约为储存在世界矿物燃料和铀矿中全部能量的10倍，等于世界原生能源需求量的15 000倍。如果将长300千米、宽1 000千米的沙漠所接受的太阳能全部收集起来，就足以满足人类的需要。

地球上除了地热能和核能以外，所有能源都来源于太阳能，因此可以说太阳能是人类的“能源之母”。没有太阳能，就不会有人类的一切。因此，科学家们十分重视太阳能的开发和利用。

太阳能电站

通常人们所说的太阳能电站，指的是太阳能热电站。这种发电站先将太阳光转变成热能，然后再通过机械装置将热能转变成电能。

太阳能电站能量转换的过程是：利用集热器（聚光镜）和吸热器（锅炉）把分散的太阳辐射能汇聚成集中的热能，经热换器和汽轮发电机把热能变成机械能，再变成电能。

太阳能电站与一般火力发电厂的区别在于，其动力来源不是煤或燃油，而是太阳的辐射能。

一般来说，太阳能电站多数采用在地面上设置许多聚光镜，以不同角度和方向把太阳光收集起来，集中反射到一个高塔顶部的专用锅炉上，使锅炉里的水受热变为高压蒸汽，用来驱动汽轮机，再由汽轮机带动发电机发电。

另外，太阳能电站的独特之处还在于电站内设有蓄热器。当用高压蒸汽推动汽轮机转动的同时，通过管道将一部分热能储存在蓄热器中。如果在阴天、雨天或晚上没太阳时，就由蓄热器供应热能，以保证电站连续发电。

太阳能热电站

世界上第一座太阳能热电站，是建在法国的奥德约太阳能热电站。这座电站当时的发电能力仅为 64 千瓦，但它却为以后太阳能热电站的建立和发展打下了基础。

1982 年，美国建成了一座大型塔式太阳能热电站，这座电站用了 1 818 个聚光镜，塔高 80 米，发电能力为 10 000 千瓦。它利用太阳能把油加热，再用高温油将水变成蒸汽，利用蒸汽来推动汽轮发电机发电。

太阳能热电站不足之处在于：一是需要占用很大地方来设置反光镜；二是它的发电能力受天气和太阳出没的影响较大。

另外，人们还设想把太阳能热电站搬到宇宙空间去，从而能使热电站连续不断地发电，满足人们对能源日益增长的需要。

太阳能气流电站

利用太阳能发电的方式很多，其中最为新奇的是太阳能气流发电。由于这种电站有一个高大的“烟囱”，所以也被称作太阳能烟囱电站。

太阳能电站既不烧煤，也不用油，所以这个烟囱并非是用来排烟的，而是用它来抽吸空气，所以确切点说应称其为太阳能气流电站。

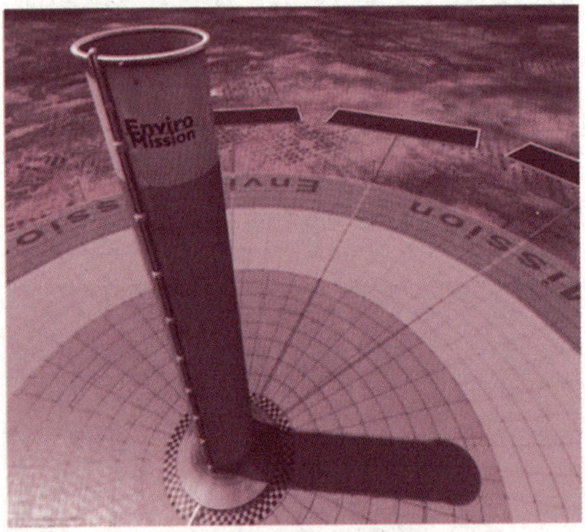

太阳能气流电站

太阳能气流电站的中央，竖立着一个用波纹薄钢板卷制而成的大“烟囱”，在“烟囱”的周围，是巨大的环形曲面半透明塑料大棚，在烟囱底部装有汽轮发电机。当大棚内的空气经太阳曝晒后，其温度比棚外气温高约20℃。由于空气具有热升冷降的特点，再加上大“烟囱”向外排风的作用，就使热空气通过“烟囱”快速地排出去，从而驱动设在烟囱底部的汽轮发电机发电。

由于太阳能气流电站占地较大，所以今后的气流电站将要建在阳光充足、地面开阔的沙漠地区。另外，塑料大棚内的地方很大，温度又较高，可利用起来作暖房，种植蔬菜和栽培早熟的农作物。

太阳能气流电站的建造成功，使人类利用太阳能的技术得到进一步的提高，并为利用和改造沙漠创造了良好的条件。

太阳能热管

太阳能热管通常又叫真空集热管，它在结构上与我们平常所用的热水瓶相似，但热水瓶只能用来保温，而太阳能热管却能巧妙地吸收太阳的热能，即使阳光很微弱，它也能达到较高的温度，比一般太阳能集热器的本领强多了。

太阳能热管之所以有这么大的本领，主要是因为它的结构较特殊，能充分地吸热和保温。

太阳能热管有一个透明的玻璃管壳，里面密封着能装液体或气体的吸热管，两管之间抽成真空。这样，在吸热管周围形成了性能良好的真空绝热层，这和热水瓶胆的内外层之间保持真空的原理是一样的，都是为了防止热量散失出去。

吸热管的材料可以是金属，也可以是玻璃，在它的外表面涂有选择性的吸热涂层。当阳光照在热管上，吸热管的涂层就能大量吸收光能，并将光能转变成热能，从而使吸热管内装的液体或气体的温度升高。

太阳能热管

太阳能热管的特殊结构使它一方面通过吸热管外壁上的涂层尽可能吸收更多的阳光，并及时转变成热能；另一方面，在能量吸收和转换中最大限度地减少热量损失。也就是说，它用抽真空等办法堵死了热量散失的一切渠道。因此，在阳光很微弱的情况下，热管也能将阳光巧妙地集聚和保存起来，从而达到较高温度。

太阳能热管不仅集热性能好，而且拆装方便，使用寿命长，因而获得了人们的好评。它可以单个使用。如用在太阳能灶上，代替平板式集热器；也可根据需要，用串联或并联的方式将几十支热管装在一起使用。

太阳能热管在一天之内可以提供大量的工业用热水，又能一年四季不断地为它的主人供应所需要的热能。此外，热管还广泛用于海水淡化、采暖、空调、制冷、烹调和太阳能发电等许多方面，是一种深受人们欢迎的太阳能器具。

太阳池发电

水平如镜的水池也能用来发电，这可能是许多人没有想到的。因此，利用水池收集太阳能发电，可以说是迄今为止将太阳辐射能转换为电能的最美妙的构想之一。

太阳池就是利用水池中的水吸收阳光，从而将太阳能收集和贮存起来。这种太阳能集热方法，与太阳能热水器的原理相似，但是，用太阳能热水器贮存大量的热能，需要另设蓄热槽，而太阳池的优越之处在于，水池本身就可充当贮存热能的蓄热槽。

一般的水池，当阳光照射时，池水就会发热，并引起水的对流，即热水上升，冷水下沉。当温度较高的水不断从底部上升到池面时，通过蒸发和反射将热能释放到空气中。这样，池中的水大体上保持着一定的温度，但无论天气多么热，经过的时间如何长，水温总达不到气温以上。为了提高池中的水温，人们想了许多办法，其中最引人注目的就是利用盐水蓄热。

平静的水池

这种提高水温的办法，是受到一种自然现象的启发而产生的。早在1902年，科学家们考察罗马尼亚一个浅水湖时发现，越是靠近湖底，水温就越高，即使在夏末时，水温有时可高达70℃。这种现象是如何产生的呢?

原来，湖底水温之所以高，是因为水中含有盐分，而且越是靠近湖底的水，其所含盐分的浓度就越大。

通常，湖底处的热水会因密度变小而升到水面，从而形成对流。但是当水中的盐分浓度很高时，水的密度就会随之增大，这样热水就难以升到水面，从而打乱了水热升冷降的循环过程。由于湖水无法形成对流，热量便在湖底处蓄积起来，而湖面上较轻的一层水，就像锅盖一样将池底的热能严严实实地封住。结果，湖底的水温就会越来越高。

目前，世界上许多国家对太阳池发电很感兴趣，认为它提供了开发利用太阳能的新途径，而且这种发电方式比其他利用太阳能的方法优越。同太阳热发电、太阳光发电等应用太阳能的技术相比，太阳池发电的最突出优点是构造简单，生产成本低；它几乎不需要价格昂贵的不锈钢、玻璃和塑料一类的材料，只要一处浅水池和发电设备即可；另外它能将大量的热贮存起来，可以常年不断地利用阳光发电，即使在夜晚和冬季也照常可以利用。因此，有人说太阳池发电是所有太阳能应用中最为廉价和便于推广的一种技术。

美国对这项利用太阳能的新技术十分重视。一个由政府资助的科学家组织对全国进行了调查，以确定太阳池发电计划和建造发电站的地方。至今美国已修建了 10 个太阳池，以便进行研究试验。

在澳大利亚，已建成了一个面积为 3 000 平方米的太阳池，并将用它发电，以便为偏僻地区供电，并进行海水淡化和温室供暖等。日本农林水产省土木试验场已建有 4 个 8 米见方，深 2.5 ~3 米的太阳池，用来为温室栽培和水产养殖提供热能。

人们在太阳池发电的推广使用中，对其可能出现的问题能够及时地予以研究解决。例如，起初人们估计铺在池底的薄膜会发生破裂，从而使盐水流出，污染水池下面的土壤；但是实践证明，薄膜的防渗漏性能很好，没有出现上述问题。对于太阳池发电所需要的大量盐，则可以利用太阳池的热能去带动海水淡化装置来解决。

就当前的实际应用情况来看，太阳池在供热和发电方面还存在一些不足之处。但我们相信，随着科学技术的进步，在不久的将来，太阳池发电将作为一种廉价的电能的生产方式得到普遍应用。

太阳能电池

要将太阳向外辐射的大量光能转变成电能，就需要采用能量转换装置。太阳能电池实际上就是一种把光能变成电能的能量转换器。这种电池是利用“光生伏打效应”原理制成的。光生伏打效应是指当物体受到光照射时，物体内部就会产生电流或电动势的现象。

单个太阳能电池不能直接作为电源使用。实际应用中都是将几片或几十片单个的太阳能电池串联或并联起来，组成太阳能电池方阵，便可以获得相当大的电能。

太阳能电池的效率较低、成本较高，但与其他利用太阳能的方式相比，它具有可靠性好、使用寿命长、没有转动部件、使用维护方便等优点，所以能得到较广泛的应用。

太阳能电池最初是应用在空间技术中的，后来才扩大到其他许多领域。据统计，世界上90%的人造卫星和宇宙飞船都采用太阳能电池供电。美国已于近年研究开发出性能优异的太阳能电池，其地面光电转换率为35.6%，在宇宙空间为30.8%。澳大利亚用激光技术制造的太阳能电池，在不聚焦时转换率达24.2%，而且成本较低，与柴油发电相近。

太阳能电池板

在太阳能电池方阵中，通常还装有蓄电池，这是为了保证在夜晚或阴雨天时能连续供电的一种储能装置。当太阳光照射时，太阳能电池产生的电能不仅能满足当时的需要，而且还可提供一些电能储存于蓄电池内。

有了太阳能电池，就为人造卫星和宇宙飞船探测宇宙空间提供了方便、可靠的能源。1953年。美国贝尔电话公司研制成了世界上第一个硅太阳能电池。而到1958年，美国就发射了第一颗由太阳能供电的“先锋1号”卫星。现在，各式各样的卫星和空间飞行器上都安装了布满太阳能电池的铁翅膀，使它们能在太空里远航高飞。

卫星和飞船上的电子仪器和设备，需要使用大量的电能，但它们对电源的要求很苛刻：既要重量轻，使用寿命长，能连续不断地工作，又要能承受各种冲击、碰撞和振动的影响。而太阳能电池完全能满足这些要求，所以成为空间飞行器较理想的能源。通常，根据卫星电源的要求将太阳能电池在电池板上整齐地排列起来，组成太阳能电池方阵。当卫星背着太阳飞行时，蓄电池就放电，使卫星上的仪器保持连续工作。

我国在1958年就开始了太阳能电池的研究工作，并于1971年将研制的太阳能电池用在我国发射的第 3 颗卫星上。这颗卫星在太空中正常运行了 8 年多。

太阳能电池还能代替燃油用于飞机。世界上第一架完全利用太阳能电池作动力的飞机“太阳挑战者”号已经试飞成功，共飞行了 4.5 个小时，飞行高度达 4 000 米，飞行速度为每小时 60 千米。在这架飞机的尾翼和水平翼表面上装置了 16 000 多个太阳能电池，其最大能量为 2.67 千瓦。它是将太阳能变成电能，驱动单叶螺旋桨旋转，使飞机在空中飞行的。

以太阳能电池为动力的小汽车，已经在墨西哥试制成功。这种汽车的外型像一辆三轮摩托车，在车顶上架了一个装有太阳能电池的大篷。在阳光照射下，太阳能电池供给汽车电能，使汽车以每小时 40 千米的速度向前行驶。由于这辆汽车每天所获得的电能只能驱动它行驶 40 分钟，所以在技术上还有待于进一步改进。

1984 年 9 月，我国试制成功了太阳能汽车“太阳”号。这标志着我国太阳能电池的研制已经达到国际先进水平。此外，我国还将太阳能电池用于小型电台的通信机充电上。当在野外工作无交流电源可用时，就可启用太阳能电池小电台充电器。这种充电器使用方便，操作简单，因而深受用户欢迎。

太阳能概念汽车

太阳能电池在电话中也得到了应用。有的国家在公路旁的每根电线杆的顶端，安装着一块太阳能电池板，将阳光变成电能，然后向蓄电池充电，以供应电话机连续用电。蓄电池充一次电后，可使用 26 个小时。现在在约旦的一些公路上，已安装有这种太阳能电话。当人们遇有紧急事情时，可随时在公路边打电话联系，使用非常方便。

由于太阳能电话安装简单，成本较低，又能实现无人管理，还能防止雷击，所以很多国家都相继在山区和边远地带，特别是沙漠和缺少能源的地区，安装了许多以太阳能电池为电源的电话。

灯　塔

芬兰曾经制成一种用太阳能电池供电的彩色电视机。它是通过安装在房顶上的太阳能电池供电的，同时还将一部分电能储存在蓄电池里，供电视机连续工作使用。

太阳能电池很适合作为电视差转机的电源。电视差转机是一种既能接收来自主台的电视信号，又能将这种信号经过变频、放大再发射出去的电视转播装置。我国地域辽阔，许多远离电视发射台的边远地区收看不到电视节目，就需要安装电视差转机。电视差转机使用太阳能电池作电源，建设快捷，投资节省，维护使用方便，还可以做到无人管理。目前，我国许多地方已建成用太阳能电池作电源的电视差转台，很受人们欢迎。

正是由于太阳能电池具有许多独特的优点，因而其应用十分广泛。从目前的情况来看，只要是太阳光能照射到的地方都可以使用，特别是一些能源缺少的孤岛、山区和沙漠地带，可以利用太阳能电池照明、空调、抽水、淡化海水等，还可以用于灯塔照明、航标灯、铁路信号灯、杀灭害虫的黑光灯、机场跑道识别灯、手术灯等，真可以说是一种处处可用的方便电源。

太阳能空间电力站

在太阳能利用中，发展前景最为诱人的要算在宇宙空间建立太阳能电力站的宏伟计划了。众所周知，太阳光经过大气层到达地球表面时，已经大大减弱。而到达地面的阳光，又有三分之一被反射回空间。因此，在大气层以上接收的太阳能要比在地球上接收的多4倍以上。在这种情况下，人们就萌发了一个大胆的设想：要把太阳能发电站搬到宇宙空间中，以便得到更多的太阳能。而且这样还能避免地面太阳能电站接收太阳光时断时续的缺点。

要达到这一目的，就必须研制一种太阳能动力卫星，并把它发送到距地面3.5万千米以上的高空，而且与地球在同步的轨道上（在这一轨道上，卫星绕地球飞行一圈的时间，正好与地球自转一周的时间相同），这样就可以用它把太阳能直接引到地球上。

在动力卫星上装有巨大的太阳能电池板，能把太阳能直接转换成电能，然后再将电能转换成微波束发回地面。地面接收站通过巨型天线，可将动力卫星送回地面的微波能重新转换成电能。

当然，就目前来说实现大型太阳能空间电力站计划还存在一定的技术难关。比如，一个发电能力为1 000万瓦的空间电力站，它上面的太阳能电池板面积已达64平方千米；而把微波能发送到地面的列阵天线，其占用面积约达2平方千米。此外，巨大的动力卫星需要分成部件运送到太空进行组装；卫星安装后，还需要定期进行保养和检修，这就需要一种像航天飞机一样能往返于地球和太空的运输工具。

航天飞机

今后，人们可以利用空中的反射装置为北极地区漫长的极夜提供照明，从而节约大量电力，造福人类，并为人类利用太阳能在太空发电输送到地球，创造条件。如果这个设想实现，太阳能就将成为未来的主要能源，从根本上改变人类利用能源的状况。

对太阳能这种新能源的开发利用，当前还仅处于初始阶段。随着科学技术的发展和人们对能源日益增长的需求，未来时代将是太阳能大显身手的时代，太阳能的开发利用必将出现一个蓬勃发展的新局面。在我国的现代化建设中，太阳能也将发挥越来越重要的作用。

知识点

人造卫星

人造卫星是环绕地球在空间轨道上运行（至少一圈）的无人航天器。人造卫星基本按照天体力学规律绕地球运动，但因在不同的轨道上受非球形地球引力场、大气阻力、太阳引力、月球引力和光压的影响，实际运动情况非常复杂。人造卫星是发射数量最多、用途最广、发展最快的航天器。

人造卫星按运行轨道分为低轨道卫星、中轨道卫星、高轨道卫星、地球同步轨道卫星、地球静止轨道卫星、太阳同步轨道卫星、大椭圆轨道卫星和极轨道卫星；按用途区分为科学卫星、应用卫星和技术试验卫星。

延伸阅读

太阳能量来源

从古到今，太阳都以它巨大的光和热哺育着地球，从不间断。太阳是怎么发出这么巨大的能量来的呢？人类为了搞清楚这个问题，花费了几百年的时间，一直到今天，还在不断地进行着探索。

日常生活告诉我们，一个物体要发出光和热，就要燃烧某种东西。人们最初也是这样去想象太阳的，认为太阳也是靠燃烧某种东西，发出了光和热。后来发现，即使用地球上最好的燃料去燃烧，也维持不了多长的时间。一直到20世纪的30年代以后，随着自然科学的不断发展，人们才逐渐揭开了太阳产能的秘密。太阳的确在燃烧着，太阳燃烧的物质不是别的，而是化学元素中最简单的元素——氢。

不过，太阳上燃烧氢，不是通过和氧化合，而是另外一种方式，叫作热核反应。

我们知道，原子是由原子核和围绕着原子核旋转的电子组成的。要想使原子核之间发生核反应，可不是一件容易的事情。首先必须把原子核周围的电子全都打掉，然后再使原子核同原子核激烈地碰撞。但是，由于原子核都是带的正电，它们彼此之间是互相排斥的，距离越近，排斥力越强。因此，要想使原子核同原子核碰撞，就必须克服这种排斥力。

为了克服这种排斥力，必须使原子核具有极高的速度。这就需要把温度提高，因为温度越高，原子核的运动速度才能越快。例如，要想使氢原子发生核反应，就需要具备几百万摄氏度的温度和很高的压力。这样高的温度在地面上是不容易产生的，但是对于太阳来说，它的核心温度高达 1 500 万℃，条件是足够的。

太阳正是在这样的高温下进行着氢的热核反应。它把 4 个氢原子核通过热核反应合成一个氦原子核。在这种热核反应中，氢不断地被消耗，从这个意义上来说，太阳在燃烧着氢。但是它和通常所说的燃烧不同，它既不需要氧来助燃，燃烧后又完全变成了另外一种新的元素。

当 4 个氢原子核聚合成一个氦原子核的时候，我们会发现出现了质量的亏损，亏损的物质变成了光和热，也就是物质由普通的形式变成了光的形式，转化成了能量。

风能的利用

在自然界，风是一种巨大的能源，它远远超过矿物能源所提供的能量总和，是一种取之不尽、尚未得到大量开发利用的能源。

风能是空气在流动过程中所产生的能量，而大气运动的能量来源于太阳辐射。由于地球表面各处受太阳辐射后散热的快慢不同，加之空气中水蒸气的含量不同，从而引起各处气压的差异，结果高气压地区空气便向低气压地区流动，从而形成了风。因此，风能是一种不断再生的、没有污染的清洁能源。

太阳不断地向地球辐射能量，而到达地球的太阳辐射能中，约有 20% 被地球大气层所吸收，其中只有很小的一部分被转化为风能，它相当于

台风过后的景象

10 800 亿吨煤所储藏的能量。据计算，风能量大约相当于目前地球上人类一年所消耗能量总和的 100 倍。

风能的大小和风速有关，风速越大，风所具有的能量就越大。通常，风速为 8～10 米/秒的 5 级风，可使小树摇摆，水面起波，吹到物体表面的力，每平方米面积上达 10 千克；风速 20～24 米/秒的 9 级风，可以使平房屋顶和烟囱受到破坏，吹到物体表面的力，每平方米面积上达 50 千克；风速为 50～60 米/秒的台风，对于每平方米物体表面的压力，高达 200 千克。整个大气中总风力的 1/4 在陆地上空，而近地面层每年可供利用的风能，约相当于 500 万亿度的电力。由此可见，风能之大是多么的惊人。

人类对于风能的利用是比较早的。早在公元前一两千年，我国就已开始使用风车。2 000 多年前我国已有了利用风力的帆船。19 世纪末，人们开始研究风力发电，1891 年丹麦建造了世界上第一座试验性的风能发电站。到了 20 世纪初，一些欧洲国家如荷兰、法国等，纷纷开展风能发电的研究。由于近年来还广泛开展了风能在海水淡化、航运、提水、供暖、制冷等方面的研究，使风能的利用范围得到了进一步的扩大。

帆　船

现代化的风能利用主要是供发电。利用风能发电，尽管受风力大小变化的影响，但既没有辐射的潜在危险，又不会污染，因而，受到人们的青睐。

美国是世界上最大的风力发电生产国，其生产的风能电力约占世界的 85%。大部分集中在加利福尼亚州，共有 15 000 台风力涡轮发电机，装机容量足以满足旧金山所有家庭、工厂、企业用电需要，每年生产的能最相当于 350 万桶石油，其中，最大的风力发电公司是设在利弗莫尔的美国风力公司。它管理着大约 4 000 台风力涡轮机。

欧洲也极为重视风力发电的研究。现在其投资约为美国的 10 倍。丹麦是世界上第二大风能生产国。1990 年其风轮机发电，占其电力总生产的 2%。日本从 1983 年起，分别在东京都的三宅岛和冲绳县冲永良部岛着手进行风力发电设施的研究，并已取得了一些基础数据。

我国地域辽阔，蕴藏着非常丰富的风能资源。据计算，全国风能资源总储量约为每年 16 亿千瓦，其中近期可开发利用的约为每年 1.6 亿千瓦。我国东南、华东、华北地区沿海及岛屿的平均风速为 6 ~ 7 米/秒，而这些地区又迫切需要电力；西北牧区，地势较高，风速较大，平均风速在 4 米/秒以上，但这一带地广人稀，居民点分散，燃料奇缺，也迫切需要电能；西南地区一些山区风口，风速大，风向稳定，有着发展风力发电的优越条件。因此，在我国因地制宜地开发利用风能，不仅可以扩大能源，而且有助于解决边远地区孤立用电户的需要，因而有着现实的重要意义。

风力发电

根据我国风能资源分布情况和当前的技术条件，近期开发利用风能的重点将放在内蒙古、东北、西北、西藏和东南沿海，以及岛屿、高山、风口等风能资源丰富的地区。在年平均风速超过 6 米/秒的地区，特别是电网很难达到的牧区、海岛和高山边远地区，开发利用风能资源更具有深远意义。

知识点

风 车

风车是一种利用风力驱动的带有可调节的叶片或梯级横木的轮子所产生的能量来运转的机械装置。古代的风车，是从船帆发展起来的，它具有6~8副像船帆那样的篷，分布在一根垂直轴的四周，风吹时像走马灯似的绕轴转动，叫走马灯式的风车。这种风车因效率较低，已逐步为具有水平转动轴的木质布篷风车和其他风车取代，如“立式风车”、“自动旋翼风车”等。

延伸阅读

风 级

风级是表示风力的一种方法，通常采用蒲福风级。目前人们把风划分为0~12共13个等级。

风级　0

概况　无风

陆地　静，烟直上

浪高　0~0.2米

相当风速（m/s）　0.3~1.5

风级　1

概况　软风

陆地　烟能表示方向，但风向标不能转动

海岸　渔船不动

相当风速（m/s）　0.3~1.5

风级　2

概况　轻风

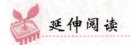

陆地　人面感觉有风，树叶微响，寻常的风向标转动

海岸　渔船张帆时，可随风移动

相当风速（m/s）　1.6～3.3

风级　3

概况　微风

陆地　树叶及微枝摇动不息，旌旗展开

海岸　渔船渐觉簸动

相当风速（m/s）　3.4～5.4

风级　4

概况　和风

陆地　能吹起地面灰尘和纸张，树的小枝摇动

海岸　渔船满帆时，倾于一方

相当风速（m/s）　5.5～7.9

风级　5

概况　清风

陆地　小树摇摆

海岸　水面起波

相当风速（m/s）　8.0～10.7

风级　6

概况　强风

陆地　大树枝摇动，电线呼呼有声，举伞有困难

海岸　渔船须缩帆，捕鱼须注意危险

相当风速（m/s）　10.8～13.8

风级　7

概况　疾风

陆地　大树摇动，迎风步行感觉不便

海岸　渔船停息港中，在港外海上的下锚

相当风速（m/s）　13.9～17.1

风级　8

概况　大风

陆地　树枝折断，迎风行走感觉阻力很大

海岸　进港海船均停留不出

相当风速（m/s）　17.2～20.7

风级　9

概况　烈风

陆地　烟囱及平房屋顶受到损坏（烟囱顶部及平顶摇动），房顶瓦片被掀起

海岸　汽船航行困难

相当风速（m/s）　20.8～24.4

风级　10

概况　狂风

陆地　陆上少见，可拔树毁屋

海岸　汽船航行颇危险

相当风速（m/s）　24.5～28.4

风级　11

概况　暴风

陆地　陆上很少见，有则必受重大损毁

海岸　汽船遇之极危险

相当风速（m/s）　28.5～32.6

风级　12

概况　飓风

陆地　陆上绝少，其摧毁力极大

浪高　骇浪滔天

相当风速（m/s）　32.6以上

威力巨大的核能

核能俗称原子能，它是指原子核里的核子（中子或质子）重新分配和组合时释放出来的能量。

核能有巨大的威力，1 千克铀原子核全部裂变释放出的能量，约等于 2 700 吨标准煤燃烧时所放出的化学能。一座 100 万千瓦的核电站，每年只需 25～30 吨低浓度铀核燃料，而相同功率的煤电站，每年则需要有 300 多万吨原煤，这些核燃料只需 10 辆卡车就能运到现场，而运输 300 多万吨煤炭，则需要 1 000 列火车。核聚变反应释放的能量更加强大。

有人作过生动的比喻：1 千克煤只能使一列火车开动 8 米，1 千克铀可使一列火车开动 4 万千米；而 1 千克氘化锂和氚比锂的混合物，可使一列火车从地球开到月球，行程 40 万千米。

核爆炸

地球上蕴藏着数量可观的铀、钍等核裂变资源。如果把它们的裂变能充分地利用起来，可满足人类上千年的能源需求。在汪洋大海里，蕴藏着 20 万亿吨氘，它们的聚变能可顶几万亿亿吨煤，可满足人类百亿年的能源需求。

核能是人类最终解决能源问题的希望。核能技术的开发，对现代社会会产生深远的影响。

核能的成就虽然首先被应用于军事目的，但其后就实现了核能的和平利用，其中最重要也是最主要的是通过核电站来发电。

核电站已跻身电力工业行列，是利用原子核裂变反应放出的核能来发电的装置，通过核反应堆实现核能与热能的转换。核反应堆的种类，按引起裂变的中子能量分为热中子反应堆和快中子反应堆。由于热中子更容易引起 ^{235}铀的裂变，因此热中子反应堆比较容易控制，大量运行的就是这种热中子反应堆。这种反应堆需用慢化剂，通过它的原子核与快中子弹性碰撞，将快中子慢化成热中子。

核能是能源的重要发展方向，特别在世界能源结构从石油为主向非油能源过渡的时期，核能被认为是解决能源危机的主要能源之一。

核电站有许多优点：

1. 核能发电不像化石燃料发电那样排放巨量的污染物质到大气中，因此核能发电不会造成空气污染。

2. 核能发电不会产生加重地球温室效应的二氧化碳。

3. 核燃料能量密度比起化石燃料高上几百万倍，故核能电厂所使用的燃料体积小，运输与储存都很方便，一座 1 000 百万瓦的核能电厂一年只需 30 000 千克的铀燃料，一航次的飞机就可以完成运送。

4. 核能发电的成本中，燃料费用所占的比例较低，核能发电的成本较不易受到国际经济情势影响，故发电成本较其他发电方法较为稳定。

然而核电站的安全性是被质疑的。因为核电厂的反应器内有大量的放射性物质，如果在事故中释放到外界环境，会对生态及民众造成伤害。但如果用较小的量，并谨慎地加以控制，射线也可以为人类做许多事，如利用 γ 射线可以对机械设备进行探伤；可以使种子变异，培育出新的优良品种；还可以治疗肿瘤等疾病。

核能是未来能源的希望。据国际原子能机构的统计，目前世界上的核电

核电站

站主要分布在美、法、日、英、俄等31个国家和地区。近几年，由于核电站运行的安全性、核废料的处理和核不扩散等因素的影响，核能的发展在欧洲、北美洲和独联体国家出现了下降趋势，但核能的发展在亚洲仍拥有强劲的势头。

核反应堆模型

为了促进核能的发展，许多国家在研究新一代快中子反应堆的同时，又加强了受控核聚变的研究，目前受控核聚变已在实验室取得阶段性的成果。按照国际热核实验反应堆计划，参与各方应在2013年前共同建造一个热核反应堆，以证明和平利用热核能源的可能性。按计划，首个热核反应堆已于2006年开工，总造价40亿美元，这将是继国际空间站之后最大的国际科学合作项目。

知识点

核反应堆

核反应堆，又称为原子反应堆或反应堆，是装配了核燃料以实现大规模可控制裂变链式反应的装置。

核反应堆能维持可控自持链式核裂变反应，任何含有其核燃料按此种方式布置的结构，使得在无需补加中子源的条件下能在其中发生自持链式核裂变过程。

延伸阅读

核反应堆分类

压水堆核电站：以压水堆为热源的核电站。它主要由核岛和常规岛组成。

压水堆核电站核岛中的四大部件是蒸汽发生器、稳压器、主泵和堆芯。在核岛中的系统设备主要有压水堆本体，一回路系统，以及为支持一回路系统正常运行和保证反应堆安全而设置的辅助系统。常规岛主要包括汽轮机组及二回路等系统，其形式与常规火电厂类似。

沸水堆核电站：以沸水堆为热源的核电站。

沸水堆是以沸腾轻水为慢化剂和冷却剂并在反应堆压力容器内直接产生饱和蒸汽的动力堆。沸水堆与压水堆同属轻水堆，都具有结构紧凑、安全可靠、建造费用低和负荷跟随能力强等优点。它们都需使用低富集铀作燃料。沸水堆核电站系统有：主系统（包括反应堆）、蒸汽－给水系统、反应堆辅助系统等。但发电厂房要做防核处理。

重水堆核电站：以重水堆为热源的核电站。

重水堆是以重水做慢化剂的反应堆，可以直接利用天然铀作为核燃料。重水堆可用轻水或重水做冷却剂。重水堆分压力容器式和压力管式两类。重水堆核电站是发展较早的核电站，有各种类别，但已实现工业规模推广的只有加拿大发展起来的坎杜型压力管式重水堆核电站。

快堆核电站：由快中子引起链式裂变反应所释放出来的热能转换为电能的核电站。

快堆在运行中既消耗裂变材料，又生产新裂变材料，而且所产可多于所耗，能实现核裂变材料的增殖。

其他新能源

除了这些近几年已广为人知的新能源，还有一些环境保护能源尚在研究或推广当中。这些能源的研发为能源危机找到了更多的出路。

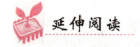

氢 能

氢具有高挥发性、高能量，是能源载体和燃料，同时氢在工业生产中也有广泛应用。现在工业每年用氢量为 5 500 亿立方米，氢气与其他物质一起用来制造氨水和化肥，同时也应用到汽油精炼工艺、玻璃磨光、黄金焊接、气象气球探测及食品工业中。液态氢可以作为火箭燃料，因为氢的液化温度在 -253℃。

氢气球

氢能在 21 世纪有可能在世界能源舞台上成为一种举足轻重的二次能源。它是一种极为优越的新能源，其主要优点有：燃烧热值高，每千克氢燃烧后的热量，约为汽油的 3 倍，酒精的 3.9 倍，焦炭的 4.5 倍。燃烧的产物是水，是世界上最干净的能源。资源丰富，氢气可以由水制取，而水是地球上最为丰富的资源，演示了自然物质循环利用、持续发展的经典过程。

随着化石燃料耗量的日益增加，其储量日益减少，终有一天这些资源将要枯竭，这就迫切需要寻找一种不依赖化石燃料的、储量丰富的新的含能体能源。氢能正是一种在常规能源危机的出现、在开发新的二次能源的同时人们期待的新能源。

目前，氢能技术在美国、日本、欧盟等国家和地区已进入系统实施阶段。美国政府已明确提出氢计划，宣布今后 4 年政府将拨款 17 亿美元支持氢能开发。美国计划到 2040 年美国每天将减少使用 1 100 万桶石油，这个数字正是现在美国每天的石油进口量。

氢燃料电池技术，一直被认为是利用氢能，解决未来人类能源危机的终极方案。随着我国经济的快速发展，汽车工业已经成为我国的支柱产业之一。与此同时，汽车燃油消耗也达到 8 000 万吨，约占我国石油总需求量的 1/4。在能源供应日益紧张的今天，发展新能源汽车已迫在眉睫。用氢能作为汽车

氢燃料电池代步车

的燃料无疑是最佳选择。

虽然燃料电池发动机的关键技术基本已经被突破，但是还需要更进一步对燃料电池产业化技术进行改进、提升，使产业化技术成熟。这个阶段需要政府加大研发力度的投入，以保证我国在燃料电池发动机关键技术方面的水平和领先优势。这包括对掌握燃料电池关键技术的企业在资金、融资能力等方面予以支持。

地热能

地热能是地球热流从深处到地表流动而产生的能量。地热能可以用来发电、为建筑物供暖、加热道路。人们在很久以前就利用地热洗澡。1904 年意大利在拉特雷洛建设了世界第一座实验性的地热电站。1950 年意大利、美国、新西兰等开始进行大规模的地热发电。日本从 1925 年开始用地热蒸气发电。1966 年以后共建立了 9 座地热发电站，目前发电能力已达 21.5 万千瓦。1983 年美国、前西德、日本在美国新墨西哥州进行联合开发，成功地发现了一块规模宏大的存积层，获得了 3.5 万千瓦的热能。我国也在西藏羊八井兴建了 7 000 千瓦地热发电站。

地 热

地热能非常洁净，储量丰富，且全天二十四小时都能获得，但其开发却需要大量的前期投入。目前全世界的地热发电总量约是 8 000 兆瓦，其中美国占了 2 800 兆瓦，还不到全国发电总量的 0.5%。

海洋能

海洋能是由海浪波涛压力、潮汐或海洋温差产生的能量。据估计，仅潮汐能，全世界可用来发电的就有30亿千瓦。1966年法国首先在其北部兰斯地区建成了一座发电能力为24万千瓦的潮汐发电站，现在每年发电5.4亿度。1968年原苏联也建成了一座发电能力为40万千瓦的潮汐发电站。据联合国估计，到2000年世界潮汐发电量可达300亿~600亿度。

全球海洋能的可再生量很大。据估计，海洋能理论上可再生的总量为766亿千瓦。其中温差能为400亿千瓦，盐差能为300亿千瓦，潮汐和波浪能各为30亿千瓦，海流能为6亿千瓦。但如上所述是难以实现把上述全部能量取出，设想只能利用较强的海流、潮汐和波浪；利用大降雨量地域的盐度差，而温差利用则受热机卡诺效率的限制。因此，估计技术上允许利用功率为64亿千瓦，其中盐差能30亿千瓦，温差能20亿千瓦，波浪能10亿千瓦，海流能3亿千瓦，潮汐能1亿千瓦。

潮汐发电站

在利用海洋温差发电方面，1980年日本、美国、英国、加拿大和爱尔兰合作研究表明，进行大规模发电是可能的。1981年美国、日本进行了较大规模的类似试验。总之，世界各国利用海洋能源的技术，除潮汐发电技术外，还处在关键性技术的开发和实验阶段。

可燃冰

地层中一种蕴藏量十分丰富的新能源，已引起各国科学家的关注。它是一种和水结合在一起的固定化合物，外形和冰相似，有的科学家称其为“可燃冰”。

“可燃冰”在低温和高压的条件下呈稳定状态。当冰体融化后，它所释放出的气体体积相当于原来的100倍。

“可燃冰”是20世纪60年代后期在苏联境内的永冻区首先发现的。最近，人们又在危地马拉沿海区域，发现了一个储量相当可观的“可燃冰”矿。矿体埋于距海底250米深的地层中。

据科学家估计，“可燃冰”的蕴藏量比目前地球上煤、石油、天然气储量的总和还要多几百倍。前苏联科学家甚至推测，地球上含有“可燃冰”的面积可能要占海洋面积的9%、陆地面积的25%。如果真是这样，“可燃冰”可是一种引人注目的新能源。

知识点

化石燃料

化石燃料亦称矿石燃料，是一种碳氢化合物或其衍生物，其包括的天然资源为煤炭、石油和天然气等。化石燃料的运用能使工业大规模发展。当发电的时候，在燃烧化石燃料的过程中会产生能量，从而推动涡轮机产生动力。旧式的发电机是使用蒸汽来推动涡轮机的。现时，很多发电站都已采用燃气涡轮引擎，那是利用燃气直接来推动涡轮机的。

到目前为止，世界各国所用的燃料几乎都是化石燃料，即石油、天然气和煤。自然界经历几百万年逐渐形成的化石燃料，有可能在几百年内全部被人类耗尽。

延伸阅读

地热在全球的分布及应用

在全球的分布，主要集中在三个地带：第一个是环太平洋带，东边是美国西海岸，南边是新西兰，西边有印尼、菲律宾、日本还有中国台湾。第二个是大西洋中脊带，大部分在海洋，北端穿过冰岛；第三个是地中海到喜马拉雅山脉，包括意大利和我国西藏。

印尼

印尼地热能源已探明储量达 2 700 万千瓦，占全球地热能源总量的 40%。政府大力倡导使用地热能，并定下指标：到 2025 年利用多样化能源，其中石油的使用量占 20%，远远低于目前的 52%，地热用量将增至 5%。为了加快地热能源的开发利用，印尼不仅出台了专门的政府法令，同时也积极地吸引投资。2008 年，苏西洛宣布了 4 项热力发电站工程正式启动，总投资额 3.26 亿美元。

美国

美国地热发电增长迅速，世界上开发利用地热最好的国家应该是美国。美国不仅地热资源多，而且利用很充分。目前，利用地热发电最多的是美国；在低温地热利用方面，设备容量也是美国第一。美国现有 60 万台地热热泵在运转，占世界总数的 46%。2007 年，美国专家建议将地热作为美国“关键能源”。

冰岛

冰岛 87% 供暖靠地热，仅此一项，每年可节约 1 亿美元。冰岛地热发电始于 1969 年，2007 年全年地热发电量 3 579 吉瓦时，比 2006 年增长 36%。88% 的房屋供暖采用地热，热能直接利用人均世界第一。地热能在一次能源中所占的比例已经达到 66%。

菲律宾

菲律宾是世界第二大地热能源开发大国。2002 年地热在菲律宾电力供应中已占 21%。过去只有高温地热可以作为能源利用，现在借助于科技发展，人们已经可以利用热泵技术将低温地热用于供暖和制冷。菲律宾政府给予可再生能源项目的优惠政策包括赋税优惠期和免税政策。2008 年，地热能源占菲律宾总能源产出的 17%，总装机容量达到 2 000 兆瓦。目前该国政府正就 10 处地热资源开发项目进行招标，同时还有 9 项合作正在与公司直接进行商讨，这些合作总共将开发 620 兆瓦的地热能源。

利用地球发电的设想

我们的地球是一个庞大的天然磁体，它的磁场却比较弱，总磁场强度不过 0.6 奥斯特。地球磁场的强度由奥斯特换算为伽玛，则是 6×10^{4} 伽玛。然而，地球却在不停地转动，它每 23 小时 56 分便自转 1 周，所具有的动能是一个很大的数值，为 2.58×10^{29} 焦耳。

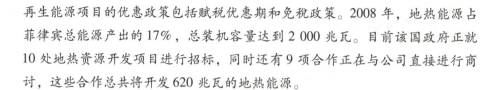

地球磁场示意图

具有磁场的天体旋转时，由于单极感应作用，就会产生电动势。如果我们把整个地球作为发电机的转子，以南北两极为正极，以赤道为负极。理论上可以获得 10 万伏左右的电压。这便是人们把地球本身当作一个巨大的发电机的一种设想。不过，如何把地球自转发出来的电引出来使用，还须有另外的方案或设想。

电磁感应定律告诉我们，导体在磁场中做切割磁力线的运动便会产生感应电流。由于地球本身具有磁性，所以，在地球及其周围存在着地磁场。

地球上的河流和海洋也是导电体。随着地球的自转，它们自然而然地就相对于地磁场产生了切割磁力线的运动，那么，河流和海洋中就有地磁场的感应电流了。要知道，光海洋就覆盖着地球表面的 71% 呢！如果想办法把河流和海洋中的感应电流引出来，不就有巨大的电能供我们使用了吗？显然，这是利用地球发电的一种方案。

还有，地球本身又是一个巨大的蓄电池，它经常被雷雨中眩目的闪光充电。雷雨云聚集和储存的大量负电荷，使云层下面的大地表面感应出正电荷。两种不同极性的电荷互相吸引，就驱使电子从云层奔向大地，形成闪电给地球充电。

据估算，每秒钟约有 100 次闪电，电压可达 1 亿伏，电流可达 16 万安培，可以产生 37.5 亿千瓦的电能，比目前美国所有电厂的最大容量之和还多。但闪电持续时间很短，只有若干分之一秒。闪电中大约 75% 的能量作为热能耗散掉了，它使闪电通道内的空气温度达到 15 000℃。空气受热迅速膨胀，就像爆炸时的气体一样，产生震耳欲聋的雷声，在 30 千米以外都能听到。

闪　电

1752 年，伟大的富兰克林曾带着他的儿子在雷雨中用风筝捕捉闪电。他的不怕牺牲、勇于探索的精神实在可嘉，但是他的实验结果，除了导致避雷针的发明外，在利用闪电方面却影响不大。至今还没有人找到利用闪电能的有效途径。

在地球表面产生的具有强大能量的闪电，能不能直接用来为人类造福呢？已转化为热能的 75% 的闪电能是否也可利用呢？有没有办法使闪电不把那么多的能量转化为热能，仍保持电能的状态为我们所用呢？能不能撇开上述思路另辟蹊径。譬如，既然闪电已把能量传给了地球，我们能不能利用蓄电池，想办法把电能引出来使用呢？这些答案恐怕要由未来的科学家们给出了。

此外，极光又是“地球发电机”以另一种形式发出的“希望之光”，也是一种威力巨大的“天然发电站”。

在地球的南、北两极，高阔的天幕上，竞相辉映着五彩缤纷的光弧。有的像探照灯的光芒在空中晃动，有的像彩带在空中飞舞，有的像帷幕随风飘拂，有的像成串的珍珠闪闪发光……光弧的颜色或红或绿，或蓝或紫，时明时暗，构成一幅瑰丽的景观。这就是极光。它是地球两极特有的自然现象，多出现在3月、4月、9月和10月4个月份。那么，极光是怎样发生的呢？

我们已经知道，太阳的内部和表面进行着剧烈的热核反应，不断地产生出强大的带电微粒流——电子流。这种电子流顺着地磁场的磁力线，来到地磁极附近，以光的速度向四面八方散射。其中一部分电子流射入大气层时，使大气中的气体分子和原子发生电离，产生出大量的带电离子，发出光和电来。

极 光

极光爆发时，会产生强烈的磁暴和电离层扰动，使无线电通信和电视广播等受到干扰破坏，使飞机、轮船上的磁罗盘失灵。

尽管如此，作为一种未来很有希望的新能源，它将给人类带来巨大的好处。有人推算过，极光发射出的电量高达1亿千瓦，相当于目前美国全年耗电量的100倍以上。有的科学家设想，将来在北极或南极地区，建造一座高达100千米的巨型塔架，用适当的方法把高空中极光的电能接收下来，供人们使用。

知识点

电磁感应

电磁感应现象是指放在变化磁通量中的导体，会产生电动势。此电动势称为感应电动势或感生电动势。若将此导体闭合成一回路，则该电动势会驱使电子流动，形成感应电流。

电磁感应现象的发现，是电磁学领域中最伟大的成就之一。它不仅揭示了电与磁之间的内在联系，而且为电与磁之间的相互转化奠定了实验基础，为人类获取巨大而廉价的电能开辟了道路，在实用上有重大意义。

电磁感应现象的发现，标志着一场重大的工业和技术革命的到来。事实证明，电磁感应在电工、电子技术、电气化、自动化方面的广泛应用，对推动社会生产力和科学技术的发展发挥了重要的作用。

延伸阅读

千奇百怪的闪电

线状闪电：它是一些非常明亮的白色、粉红色或淡蓝色的亮线，它很像地图上的一条分支很多的河流，又好像悬挂在天空中的一棵蜿蜒曲折、枝杈纵横的大树。线状闪电多数是云对地的放电。

片状闪电：片状闪电也是一种比较常见的闪电形状。它看起来好像是在云面上有一片闪光。这种闪电可能是云后面看不见的火花放电的回光，或者是云内闪电被水滴遮挡而造成的漫射光，也可能是出现在云上部的一种丛集的或闪烁状的独立放电现象。

球状闪电：球状闪电是闪电形态的一种，亦称之为球闪，民间则常称之为滚地雷。是一种十分罕见的闪电形状，却最引人注目。它像一团火球，有时还像一朵发光的盛开着的“绣球”菊花。

带状闪电：带状闪电是由连续数次的放电组成，在各次闪电之间，闪电路径因受风的影响而发生移动，使得各次单独闪电互相靠近，形成一条带状。带的宽度约为10米。这种闪电如果击中房屋，可以立即引起大面积燃烧。

联珠状闪电：联珠状闪电看起来好像一条在云幕上滑行或者穿出云层而投向地面的发光点的连线，也像闪光的珍珠项链。有人认为联珠状闪电似乎是从线状闪电到球状闪电的过渡形式。联珠状闪电往往紧跟在线状闪电之后接踵而至，几乎没有时间间隔。

火箭状闪电：火箭状闪电比其他各种闪电放电慢得多，它需要1—1.5秒钟时间才能放电完毕。可以用肉眼很容易地跟踪观测它的活动。

黑色闪电：一般闪电多为蓝色、红色或白色，但有时也有黑色闪电。由于大气中太阳光、云的电场和某些理化因素的作用，天空中会产生一种化学性能十分活泼的微粒。在电磁场的作用下，这种微粒便聚集在一起，形成许多球状物。这种球状物不会发射能量，但可以长期存在，它没有亮光，不透明，所以只有白天才能观测到它。

巨大的星际能量——潜能

天上星星亮晶晶，数也数不清。科学家把这些星分成恒星、行星、卫星、彗星、流星等。

银河系

恒星本身发出光和热，我们的太阳就是恒星。由于过去人们认为恒星的位置是固定不动的，所以，把它们叫作恒星。实际上，恒星也在运动。许许多多的恒星组成一个集合体，就像动物世界中的动物群、密林里的植物群，科学家们把它们称为星系，比如银河系。

我们知道，自然界的生物都

有生有死，只是各种生物的寿命长短不一样。其实，自然界的物质都在不停地运动着，恒星也不例外，它们有产生的过程，也有消亡的过程。

我们日常生活中，除了用煤气、液化气烧菜煮饭以外，还有许多家庭在使用煤炉，比如用煤做成煤饼或煤球放在炉内作为燃料燃烧，放出光和热。当煤燃烧完了，就不会产生光和热，而变成一堆煤灰了。

恒星能发出光和热，也是因为它内部的燃料在燃烧。恒星内部的燃料不是煤，而是原子核，通过原子核的聚变反应，产生大量的光和热。当恒星内部的核燃料用完了，它的剩余物质被紧紧地挤在一起，压缩得非常紧密，连光都只能进，不能出，不能离开它们的表面。科学家把这种剩余物质叫做黑洞。恒星老了，衰退了，收缩成黑洞。

黑洞有巨大的吸引力，如果宇宙飞船、航天飞机飞过黑洞，就会立刻消失。凡是在黑洞附过的物质都被它吸进去，消失得无影无踪。

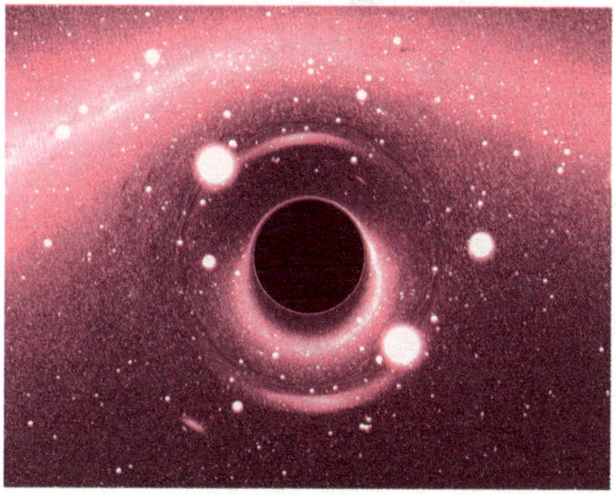

黑洞想象图

黑洞似乎很可怕，可是，经过科学家们的研究，找到了一种开发和利用黑洞的能量的方法：把生产原子能的核反应堆放到黑洞里去。人们把核燃料发射到黑洞里，由黑洞内巨大的引力压缩核燃料，迫使其实现核聚变反应，释放巨大的能量，人造卫星电站接收能量反射到地面。科学家把这种能量称作潜能。

潜能的开发利用，是一项巨大的星际工程。为使这一工程成功，人类要付出惊人的代价。尽管科学家在地球上还没有实现这样的任务，但是，一旦这项工程成功了，那就能源源不断地获得非常巨大的能量，而且是一本万利的。

知识点

核聚变

原子核中蕴藏巨大的能量。原子核的变化（从一种原子核变化为另外一种原子核）往往伴随着能量的释放。如果是由重的原子核变化为轻的原子核，叫核裂变，如原子弹爆炸；如果是由轻的原子核变化为重的原子核，叫核聚变，如太阳发光发热的能量来源。

在物理学上，核聚变是指由质量小的原子，主要是指氘或氚，在一定条件下（如超高温和高压），发生原子核互相聚合作用，生成新的质量更重的原子核，并伴随着巨大的能量释放的一种核反应形式。

延伸阅读

人类对黑洞的研究

“黑洞”很容易让人望文生义地想象成一个“大黑窟窿”，其实不然。所谓“黑洞”，就是这样一种天体：它的引力场是如此之强，就连光也不能逃脱出来。说它“黑”，是指它就像宇宙中的无底洞，任何物质一旦掉进去，“似乎”就再不能逃出。实际上黑洞真正是“隐形”的。

历史上，第一个意识到一个致密天体密度可以大到连光都无法逃逸的人是英国地理学家约翰·米歇尔。他是在1783年写给亨利·卡文迪许一封信中提出这个想法的。他认为一个和太阳同等质量的天体，如果半径只有3千米，那么这个天体是不可见的，因为光无法逃离天体表面。

1796年，法国物理学家拉普拉斯曾预言：“一个质量如250个太阳，而直径为地球的发光恒星，由于其引力的作用，将不允许任何光线离开它。由于这个原因，宇宙中最大的发光天体，却不会被我们看见”。

现代物理中的黑洞理论建立在广义相对论的基础上。由于黑洞中的光无法逃逸，所以我们无法直接观测到黑洞。

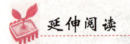

然而，可以通过测量它对周围天体的作用和影响来间接观测或推测到它的存在。比如说，恒星在被吸入黑洞时会在黑洞周围形成吸积气盘，盘中气体剧烈摩擦，强烈发热，而发出X射线。借由对这类X射线的观测，可以间接发现黑洞并对之进行研究。

迄今为止，黑洞的存在已被天文学界和物理学界的绝大多数研究者所认同。

1974年，霍金发现黑洞周围的引力场释放出能量，同时消耗黑洞的能量和质量，于是提出了黑洞会发出耀眼的光芒，体积会缩小，甚至会爆炸的预言。整个科学界为之震动。

不断涌现的新型电池

燃料电池

燃料电池主要由燃料、氧化剂、电极、电解液组成。

使用的燃料非常广泛，如氢、甲醇、液氨、烃等。燃料电池和一般电池类似，都是通过电极上的氧化—还原反应使化学能转换成电能。但一般电池内部的反应物质消耗完后就不能继续供电，而燃料电池因为反应物质贮存在电池外，只要燃料和氧化剂不断输入电池，就能源源不断地发电。随着这项技术的改进，燃料电池有可能代替火力发电，形成强大的燃料电池发电网。

燃料电池是直接将化学能转变成电能的一种新型发电装置，它热损耗小，发电效率可达40%～60%，比火力发电高出5%～20%。此外，燃料电池除利用排热再发电外，还可以生产蒸气或热水，因此它的综合效率可达80%左右，并可实现城市热电联供。

美国是世界上发展燃料电池最快的国家，目前至少有23台燃料电池机组在发电，总装机容量已达11兆瓦。

美国开发燃料电池的重点是提高燃料利用率和降低燃料电池的生产费用及发电成本。美能源部研制成功一种陶瓷燃料电池，这种电池将液体或气体燃料放在两块波纹状陶瓷片里面，使燃料同氧化剂直接进行化学反应产生电流，因而可免除一般燃料电池所需的燃料箱。它同内燃机或其他燃料电池比较，释放的功率高2倍，发电效率达55%～60%。

最近，美国贝尔通信研究公司开发出一种用燃料——煤气作电源的电池。这种电池又轻又薄，却能比普通电池产生更大的电力。

这种电池的设计是在2个作为电极的白金薄片中间，夹上一层厚度小于五千亿分之一（2×10^{10}）米、由氧化铝薄片做的煤气渗透薄膜。能量产生的过程是电化学反应的过程，当电池将氢和氧转化为水时，就释放出电力。

初步测试显示，这种电池能用1千克的煤气产生1 000瓦的电力。这种电池轻薄方便，充电也方便——只需更换煤气胶囊，它是电池开发研究的一个新产品。但是，这种电池目前的成本太高，还不能推广至商业用途。

日本早在20世纪80年代初就将燃料电池列入“月光计划”，1986年起某些地区已推广燃料电池发电。最近，东京电力公司将在五井火力发电站安装一套目前世界上最大型（输出功率为1.1万千瓦）的燃料电池装置。据估测，这套装置进入实用阶段后，至少可满足5 000户民用住宅的电力需求，因此具有较高的开发利用价值。

铝—空气电池

据专家估计，全世界的煤还可开采200年，天然气可开采45年，而石油只能开采28年。怎么办？科学家为解决能源问题苦苦探索着。经过长期潜心研究，找到了一种新型能源——铝，制成了以铝为燃料的电池“铝—空气电池”。这将使铝成为人类取之不尽的、明天的能源。

“铝—空气电池”，说起来也简单，只是采用一个铝阳极和一个空气阴极，使铝在溶液态电解质中溶解。用过的铝可以回收再用。此外，这种新型的电池还有着很多优点：

1. 体积小。将它用作汽车动力，连同汽车驱动马达也只相当于汽车内燃机加油箱的大小，它所释放的能量是汽油的4倍。

2. 用水省。用它作汽车动力，行驶400千米后才需要加水，因此它特别适宜于干旱地区使用。

3. 使用方便。在使用过程中调换新的铝片电极，只需要几分钟。

4. 没有废气废液，不会引起环境污染。

“铝—空气电池”的用途十分广泛，因此有着十分广阔的前景。它除了作为汽车动力外，世界各国已研制成功多种小功率“铝—空气电池”，应用于野营炊具、收音机、紧急照明灯、钻机、电焊机等小型设备上。美国海军科技人员研制的一种用于海上照明的“铝—空气电池”很是实用，只要把铝板浸到海水里，电池就会源源不断地为人们输送出廉价电能。挪威制造的功率为120瓦的“铝—空气电池”已作为边远地区通信站的电源使用，有很高的实用价值和经济效益。

诚然，广泛应用“铝—空气电池”，目前还存在一些问题，主要是它的功率不大，科学家已研制生产的最大的“铝—空气电池”只有500瓦，因此成本很高。如可以驱动一辆汽车的“铝—空气电池”，它的价格要上百美元。但是人类智慧是无穷的，我们相信，不久的将来，它定能成为一种廉价的能源。到那时候，汽车、机器、炊具、照明设施等，以铝为燃料的日子就到来了。

知识点

煤　气

煤气是以煤为原料加工制得的含有可燃组分的气体。

根据加工方法、煤气性质和用途分为：煤气化得到的是水煤气、半水煤气、空气煤气（或称发生炉煤气），这些煤气的发热值较低，故又统称为低热值煤气；煤干馏法中焦化得到的气体称为焦炉煤气，高炉煤气。属于中热值煤气，可供城市作民用燃料。

煤气中的一氧化碳和氢气是重要的化工原料。

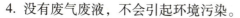

延伸阅读

电池与环境保护

电池对环境的危害主要指电池生产过程和废弃电池对环境的污染。污染物主要为有害重金属和酸、碱、有机电解质。

铅酸蓄电池中的铅和硫酸，铅污染水系后可被植物吸收，通过食物积累在人体内，影响精神、消化、骨骼和血液系统并造成贫血；硫酸可造成土质变劣，影响作物生长。

镉镍电池中的镉化合物能在植物和水生生物体内积蓄，人体中毒主要通过消化和呼吸道摄取水、食物和空气而引起，镉在人体中积蓄潜伏期长达10~30年。镉能引起高血压、神经痛、骨质松软、肾炎和内分泌失调等症。日本曾发生过骇人听闻的“骨痛病”就是镉中毒。

锌锰电池和碱性锌锰电池中的汞是一种毒性很强的金属，主要是通过废弃电池污染水系，在微生物的作用下转化为易被生物吸收的甲基汞，被人体吸收后，损伤人的大脑和肾脏。

电池对环境的污染还有铜、镍等重金属的污染，碱性锌锰电池、镉镍、氢镍电池中碱的污染，锂电池和锂离子电池中有机电解质的污染。

为了保护人类赖以生存的地球，人们环境保护意识越来越强，电池中的的毒物质，如汞、镉等也受到业界的重视，停止生产汞电池；锌锰电池、碱锰电池要实现无汞化；镉镍电池朝着氢镍电池发展等，一言以蔽之，电池生产向着绿色无污染方向发展。

各国政府对禁止使用有污染的电池都非常重视。我国在1997年底由国家九个部委局联合发出了《关于限制电池产品汞含量的规定》的通知，规定自2001年1月1日起，禁止在国内生产各类汞含量大于电池重量0.025%的电池；从2001年1月1日起，凡进入国内市场销售的国内外电池产品（含与用电器配套的电池），在单位电池上均需标注汞含量（例如用“低汞”或“无汞”注明），未标明汞含量的电池不准进入市场销售；2002年1月1日起，禁止在国内经销汞含量大于电池重量的0.025%的电池。该通知还规定：自2005年1月1日起，禁止在国内生产汞含量大于电池重量0.000 1%的碱锰电池；自2006年1月1日起，禁止在国内经销汞含量大于电池重量0.000 1%的碱锰电池。

国外早就重视电池污染问题，有不少国家和地区都以法律的形式严格限制和禁止使用有污染的电池，并要求处理废旧电池。绝大部分国家已停止生产汞电池，发达国家用的锌锰电池和碱锰电池已实现无汞化。镉镍电池生产逐年减少，相应地发展氢镍电池。对镉镍电池的回收也做出了规定，到2000年，约大部分将要得到回收并进行处理。甚至刚刚得到发展的锂离子电池，也要回收并进行处理。每年都要召开一次国际废旧电池回收处理会议，以促进各国各地区废旧电池回收处理工作。

科学除污防害技术

科技环境保护是一种趋势。用科技手段除污防害是现在环境保护工程的一大重点。科学家们正在研发净化空气、洁净燃料的新方法。

臭氧层的补洞之道

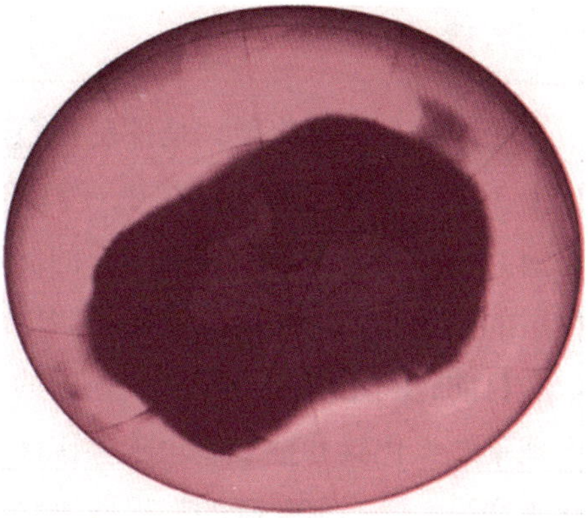

臭氧空洞

关于影响地球环境全局的臭氧层被破坏问题，各国已达成共识，于1987年签订了“禁止毁坏臭氧层”的蒙特利尔协议书，规定工业国必须在2000年禁止生产和使用氯氟烃产品，发展中国家的期限延长10年。1990年，大约60个国家在伦敦签署了到2000年停止使用和生产氯氟烃及其他几种制品的协议，美国也在上面签了字。因此，研制氯氟烃等化学代用品，寻找补救臭氧层的方法已成为科学家们的重要课题。

工程师也正在寻找和设计新的制冷设备。一种方法是用普通水作为制冷剂，待运行结束、冷却后，被另一种液体溴化锂吸收，使积累的热量迅速散掉。这些混合液体进入一台锅炉，在那里较易挥发的制冷剂变成气体状态，随后进入冷凝器冷却，还原成液体制冷剂状态。在此期间，这种吸收剂溴化锂在这个系统里不间断地循环。这种方法在日本已得到广泛使用。

美国四大制冷设备生产厂——凯利公司、斯奈德通用公司、特兰制冷公司和约克国际公司都在依据日本的设计制造吸收机。

另一种方法是由美国马萨诸塞州沃尔瑟姆热电子技术公司发明的固态制冷法。它以热电偶现象为基础，将一个装置内电路的两块半导体材料联结起来，当一端受冷、另一端受热，两端由此产生电压。相反，如果增加一个电荷，这种材料要么变热，要么变冷，这取决于电流的方向。

正是利用这个原理，公司着手制造一种厚度不超过2英寸的空调机样机。这种空调机表面积依房间面积大小而定。这台样机长18英寸，宽12英寸，打算把它装在墙上或窗前。

但是，这种空调机的热电偶材料碲化铋和碲化铅很脆弱，工程师们不得不给它们加套，以保证它们正常工作。而且，其热电效率只有10%～15%，低于压缩机为基础的空调机25%～30%的热电效率。工程师们正在为提高其热电效率、降低成本而努力。

海洋封存二氧化碳

海洋封存二氧化碳，是控制化石燃料燃烧导致气候变化的有效手段。地球上3个主要的天然碳储层中（海洋、陆地、大气），海洋碳储层的储量到目前为止是最大的。海洋碳储层的储量比陆地碳储层要高出数倍，而陆地碳储层的储量要大于大气碳储层的储量。因此，海洋的开发空间潜力巨大。

目前，利用海洋封存二氧化碳的方法至少有两种：一是从大规模工业点源捕集二氧化碳并把二氧化碳直接注入深海；二是通过添加营养素使海洋肥化来增强大气二氧化碳的捕捉和提取。

上述两种方法在原理上存在较大差异，但是两种方法均能提高海洋储层封存碳的速率，从而减少大气储层所承受的碳负荷。目前海洋肥化方面仍存在极大的不确定性，因此国际上把注意力更多地放在第一种方法上。

全球海洋较温暖的表层海水二氧化碳呈饱和状态，而低温深层海水是不饱和的，且具有巨大的二氧化碳溶解能力，这表明深层海水具有巨大的碳封存能力。

海 洋

把大气中的二氧化碳天然“泵”送到深层海水存在两种机理：

第一种，溶解泵。二氧化碳更易溶解于高纬度海区的低温、高密度海水中，这些高密度海水将下沉至海底。这就导致海水出现“温盐环流”现象，为此，在北大西洋的低温深层海水（富含二氧化碳）向南流经南极洲，最终在印度洋和赤道太平洋上翻，变成表层海水。在那里，二氧化碳再次释放到大气中。

同样，南极深层水在上涌至表面之前在南极洲周围循环，然后从高纬度海区高密度海水下沉到重现于热带海区表面，这之间的时间间隔估计为 1 000 年。

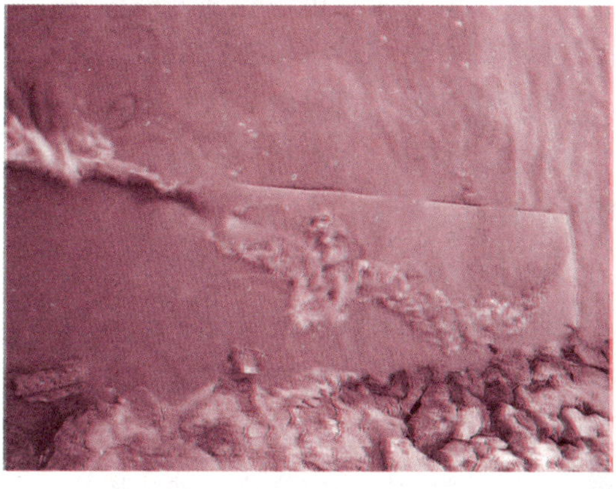

浮游植物

第二种，生物泵。海洋中的植物吸收表层海水中溶解的二氧化碳，通过光合作用维持生命。浮游植物的生长和繁殖速度常取决于营养素的利用率。浮游植物的尺寸仅为 1 毫米至 5 毫米，海洋浮游动物通常能快速吃掉这些浮游植物，而这些浮游动物也将依次被较大的海洋动物捕食。

表层海水中超过 70% 的这种有机物质可以再循环，但深层海水的平衡主要是通过微粒有机物质的沉淀来完成的。所以，这种生物泵把二氧化碳从表层海水向深层海水运送，并有效地把二氧化碳封存于局部深层海水区域。

大多数这种有机物质都通过细菌再矿化而释放出二氧化碳，最终这些二氧化碳将又返回至表层海水，完成一个循环。这个过程所需的时间间隔大约为1 000年。

洁净煤技术

我国是世界上最大的煤炭生产国和消费国。传统的煤炭开发利用方式导致严重的煤烟型污染，已成为我国大气污染的主要类型。由于这种以煤为主的能源格局在相当一段时期内难以改变，发展洁净煤技术是现实的选择。

洁净煤技术是指从煤炭开发利用的全过程中，旨在减少污染排放与提高利用效率的加工、燃烧、转化及污染控制等新技术。主要包括煤炭洗选、加工（型煤、水煤浆）、转化（煤炭气化、液化）、先进发电技术（常压循环流化床、加压流化床、整体煤气化联合循环）、烟气净化（除尘、脱硫、脱氮）等方面的内容。

目前洁净煤技术作为可持续发展战略的一项重要内容，受到了我国政府的高度重视，其发展已被列入《中国21世纪议程》。

我国政府制定适合国情的洁净煤技术发展战略主要包括：

除尘器

一是注重经济与环境协调发展，重点开发社会效益、环境效益与经济效益明显的实用而可靠的先进技术；二是要覆盖煤炭开发和利用的全过程；三是重点针对多终端用户，主要是电厂、工业炉窑和民用三个领域。同时，应把矿区环境污染治理放在重要的位置。

近年来，沸腾床的燃烧技术引起了各国的注意。它是在鼓风的条件下，煤粉在炉膛内的一定高度上沸腾燃烧，同时加添石灰石或白云石，以脱去煤里90%以上的硫，减轻对大气的污染。

为了消除煤尘，各国目前大多采用除尘器、惯性力除尘器、离心力除尘器等装置。我国广泛使用的是离心力除尘器，其特点是结构紧凑，占地少，造价低，维修方便，能除去直径 10 微米以上的尘粒，除尘率达 80% 以上。另外，还有一种高效率静电除尘装置，其除尘率达 99.9% 以上。

知识点

臭氧层

臭氧层是指大气层的平流层中臭氧浓度相对较高的部分，其主要作用是吸收短波紫外线。大气层的臭氧主要以紫外线打击双原子的氧气，把它分为两个原子，然后每个原子和没有分裂的氧合并成臭氧。臭氧分子不稳定，紫外线照射之后又分为氧气分子和氧原子，形成一个继续的过程臭氧氧气循环，如此产生臭氧层。自然界中的臭氧层大多分布在离地 20 ~ 50 千米的高空。

延伸阅读

《中国 21 世纪议程》

1992 年联合国环境与发展大会通过了《21 世纪议程》，我国政府做出了履行《21 世纪议程》等文件的庄严承诺。1994 年 3 月 25 日，《中国 21 世纪议程》经国务院第十六次常务会议审议通过。《中国 21 世纪议程》共 20 章，78 个方案领域，主要内容分为四大部分：

第一部分，可持续发展总体战略与政策。提出我国可持续发展战略的背景和必要性；提出我国可持续发展的战略目标、战略重点和重大行动，可持续发展的立法和实施，制定促进可持续发展的经济政策，参与国际环境与发展领域合作的原则立场和主要行动领域。

第二部分，社会可持续发展。包括人口、居民消费与社会服务，消除贫困，卫生与健康、人类住区和防灾减灾等。其中最重要的是实行计划生育、控制人口数量和提高人口素质。

第三部分，经济可持续发展。《议程》把促进经济快速增长作为消除贫困、提高人民生活水平、增强综合国力的必要条件。

第四部分，资源的合理利用与环境保护。包括水、土等自然资源保护与可持续利用。还包括生物多样性保护；防治土地荒漠化，防灾减灾等。

多种多样的节能技术

科学家们正在不断寻找新能源，许多可再生能源已经开始普及。然而，节约能源，是永远都不会改变的话题。以科技来发展，科技来节能，未来的世界将会非常美妙。

绿色节能网络

环境问题现在已经日趋严重，人们在享受 IT 技术与产品所带来的巨大便利的同时，已经越来越重视 IT 产品的绿色环境保护和节能问题。

最近，国际著名网络设备和解决方案提供商 D－Link，推出了 6 款绿色以太网环境保护节能千兆交换机，其平均节能达到 30%，最大节能可达 50%。

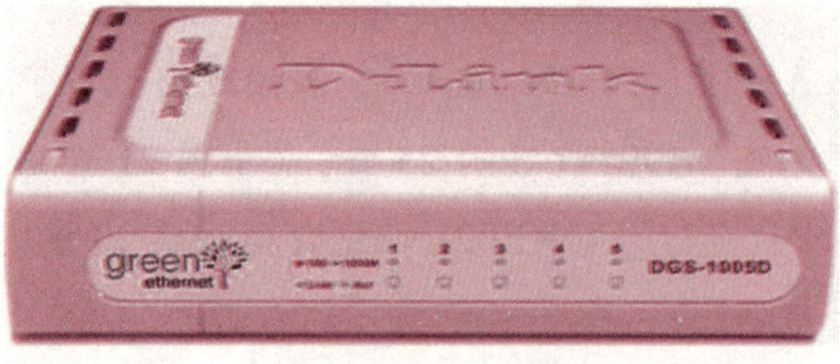

DGS－10XX 系列交换机

新推出的这 6 款交换机不仅强调绿色环境保护和节能，其性能与操作性也十分优异，从而可为环境保护和用户带来双赢的结果。

DGS－10XX 系列交换机采用了环境保护节能技术，可以自由检测计算机的开闭情况。如果网络上的计算机关机，交换机会将相对应的端口自动切换到待机模式，从而减少能源消耗并降低产品运行时所产生的热能，同时还可延长设备的生命周期。

此外，该技术的另一个节能特性是在不损失交换机使用性能的前提下，可以根据线缆的长度调节能源，也就是交换机通过分析线缆的长度对能源进行调节。

由于家庭或 SOHO 用户所使用的线缆长度大多少于 20 米，因此使用 D－Link 新推出的采用绿色地球系统环境保护节能技术交换机，可以自动侦测线缆长度，并提供相应的工作用电量，使能源消耗大幅度降低，从而达到节能及环境保护的目的，同时还能帮助用户减少“不必要的”的开销，降低使用成本。

英国政府技术战略董事会首席技术专家在伦敦举行的“2009 年革新技术展”上表示，一个由超高速宽带连接起来的新社区网络将于 2010 年在英国进行试验。这是英国政府的“数字英国”战略的一部分。该超高速宽带网络可提供外部网络所不能提供的一些服务，将在多个领域大有作为。

格拉斯哥大学科学家通过使用现场可编程逻辑门阵列芯片系统，以高出目前标准处理器 20 倍的速度完成文档检索，其每个芯片只需消耗 1.25 瓦的电能，而安腾处理器则需消耗 130 瓦，大幅降低了使用网络搜索的碳排放量，从而向构建“绿色节能网络”的目标又迈进了一步。

能源明星窗

美国人口约 2.5 亿，近三分之二的家庭有自己的房屋，人均住房面积近 60 平方米，居世界首位，其中大部分住宅都是三层以下的独立房屋，拥有客厅、卧室、厨房、浴室、贮藏室、洗衣室、车库等，热水、暖气，空调设备齐全，而且供暖、空调全部是分户设置。正因为美国住宅的这些特点，电力、煤气、燃油等能源是家庭日常开销的一个主要部分。据统计，近年来美国住房每年消耗能源折合约 3 500 亿美元。美国平均每个家庭每年用于取暖和空调方面的能源开支占其能源总开支的 40% 以上。

为了节约能源，美国一直致力于提高门窗的各项技术性能。据测算，美国最近提出的能源明星窗计划比普通窗节约能源 40% 左右。能源明星窗采用新的窗体材料，其中包括 Low－E 玻璃、中空玻璃、温暖边缘技术等。

与采用单层玻璃的房屋、建筑相比，使用中空玻璃的楼房能改善隔热、散热性能。如使用两片由低辐射镀膜玻璃所组成的中空玻璃的话，节能、降耗的效果将更加明显。

美国住宅

Low－E 玻璃也叫作低辐射镀膜玻璃，是指表面镀上拥有极低表面辐射率的金属或其他化合物组成的多层膜层的特种玻璃。

Low－E 玻璃是一种绿色、节能、环境保护的玻璃产品。普通玻璃的表面辐射率在 0.84 左右，Low－E 玻璃的表面辐射率在 0.25 以下。这种不到头发丝百分之一厚度的低辐射膜层对远红外热辐射的反射率很高，能将 80% 以上的远红外热辐射反射回去，而普通透明浮法玻璃、吸热玻璃的远红外反射率仅在 12% 左右，所以 Low－E 玻璃具有良好的阻隔热辐射透过的作用。

冬季，Low－E 玻璃对室内暖气及室内物体散发的热辐射，可以像一面热反射镜一样，将绝大部分反射回室内，保证室内热量不向室外散失，从而节约取暖费用。夏季，它可以阻止室外地面、建筑物发出的热辐射进入室内，节约空调制冷费用。

Low－E 玻璃的可见光反射率一般在 11% 以下，与普通白玻璃相近，低于普通阳光控制镀膜玻璃的可见光反射率，可避免造成反射光污染。

以铝隔条做的中空玻璃，可以达到密封寿命长的特点，但缺点是边缘传导性能高，致使节能效果差。而一些边缘热传导性能低的隔条制作的中空玻璃，虽显著提高了节能效果，但不幸的是同时减少了密封寿命。20 世纪 80 年代末，美国边缘技术中空玻璃有限公司成功地开发并制造了超级间条，以该项技术制作的中空玻璃第一次同时解决

Low－E 玻璃

了保证中空玻璃的密封性能和降低隔条的热传导性的这一对矛盾。其产品质量通过了国际上最严格的挪威 NBI 检验。

国际上通常将中空玻璃的边部 2.5 英寸范围定义为玻璃边缘。由于铝隔条的绝缘效果差而导致边缘的导热系数高而使边部出现结雾，而温暖边缘技术则能够很好地解决这一问题。

智能家居系统

不论在家里的哪个房间，用一个遥控器便可控制家中所有的照明、窗帘、空调、音响等电器。例如，看电视时，不用因开关灯和拉窗帘而错过关键的剧情；卫生间的换气扇没关，按一下遥控器就可以了。遥控灯光时可以调亮度，遥控音响时可以调音量，遥控拉帘或卷帘时可以调行程，遥控百页帘时可以调角度。在卫生间、壁橱装感应开关，有人灯开，无人灯灭。躺在床上，就可控制卧室的窗帘、灯光、音响及全家的电器。

这就是传说中的智能家居系统。世界上最早的智能建筑是在美国诞生的，之后加拿大、欧洲、澳大利亚和东南亚等经济比较发达的国家先后开始开发智能建筑和智能家居产品。而且也使世界其他国家的众多企业参与竞争智能家居这个市场。

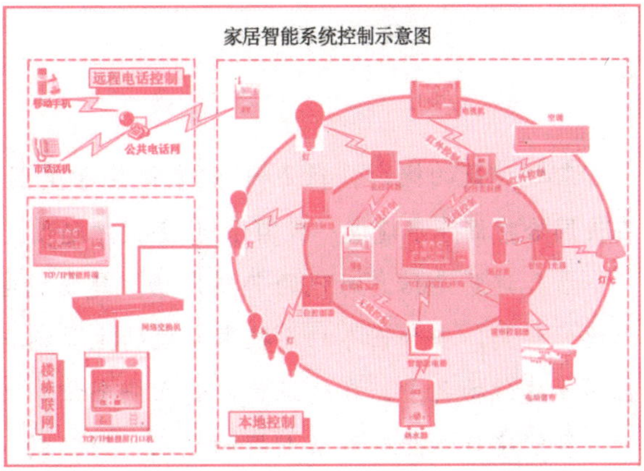

智能家居系统示意图

智能家居是信息时代和计算机应用科学的产物，是现代高科技、现代建筑与现代生活理念的完美结合。

智能家居系统就主要通过各种定时事件管理、“人来灯亮，人走灯灭”感应控制功能、亮度传感器灯光亮度自动检测、温湿度传感器自动控制中央空间及地热系统等核心手段，实现照明节能、电源插座节能、大功率电器能源节能等。而智能家居系统则可以通过“场景控制”功能来实现管理节能，即只要按一个键就可以让系统节能操作。

然而，针对智能家居系统而言，绿色节能并不仅仅指在产品材料上的控制能耗，更重要的是要实现系统管理上的节能，即通过使用智能家居系统去转变和改善人们的生活方式、习惯，从而在日常生活中实现“绿色节能”。

知识点

交换机

交换机（英文：Switch，意为“开关”）是一种用于电信号转发的网络设备。它可以为接入交换机的任意两个网络节点提供独享的电信号通路。

最常见的交换机是以太网交换机。其他常见的还有电话语音交换机、光纤交换机等。

延伸阅读

什么是智能建筑

智能建筑的概念，在20世纪末诞生于美国。第一幢智能大厦于1984年在美国哈特福德市建成。我国于90年代才起步，但迅猛发展势头令世人瞩目。

智能建筑是信息时代的必然产物。建筑物智能化程度随科学技术的发展而逐步提高。当今世界科学技术发展的主要标志是4C技术。将4C技术综合应用于建筑物之中，在建筑物内建立一个计算机综合网络，使建筑物智能化。

智能建筑物能够帮助大厦的主人、财产的管理者和拥有者等意识到，他们在诸如费用开支、生活舒适、商务活动和人身安全等方面得到最大利益的回报。

建筑智能化结构是由三大系统组成：楼宇自动化系统（BAS）、办公自动化系统（OAS）和通信自动化系统（CAS）。

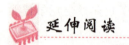

在智能建筑和数字社区的规划和设计中，主要使用这两套标准作为设计

依据。其中，智能化标准侧重于：以建筑物为平台，强调智能化系统设计与建筑结构的配合和协调，如：综合布线系统、火灾报警系统、建筑设备管理系统、火灾报警系统等，在技术应用方面主要涉及监控技术应用、自动化技术应用等。

数字化标准侧重于：以数字化信息集成为平台，强调楼宇物业与设施管理、一卡通综合服务、业务管理系统的信息共享、网络融合、功能协同，如：综合信息集成系统、楼宇物业与设施管理系统、楼宇管理系统、综合安防管理系统、“一卡通”管理系统等，在技术应用方面主要涉及信息网络技术应用、信息集成技术应用、软件技术应用等。

“绿色汽车”畅行世界

21 世纪，是汽车的世纪。目前全世界的汽车保有量已经超过了 5 亿辆。汽车给我们的出行带来了很大的方便，然而汽车的大量增加带来的是环境的急剧恶化。

进入 21 世纪，汽车污染日益成为全球性问题。随着汽车数量越来越多、使用范围越来越广，它对世界环境的负面效应也越来越大，尤其是危害城市环境，引发呼吸系统疾病，造成地表空气臭氧含量过高，加重城市热岛效应，使城市环境转向恶化。

越来越多的汽车

随着机动车的增加，尾气污染有愈演愈烈之势，由局部性转变成连续性和累积性，而各国城市市民则成为汽车尾气污染的直接受害者。

研究表明，1.4 升气缸的汽车，每行驶 1 千米，就要排出 80 ~

100克一氧化碳、10～20克氮氧化物。粗略估计，全球5亿辆汽车每年要排放约5亿吨二氧化碳、1亿吨碳氢化合物和0.5亿吨氮氧化物，占大气污染物总量的60%以上，是公认的大气“头号杀手”。

环境问题制约着汽车工业的发展，使我们无法回避。但事实证明，聪明睿智的人类是完全有能力解决这些问题的。目前需要的只是时间和进一步完善的过程。科学技术的进步终将有能力自我完善，解决由它自身所带来的种种问题。

美国人原喜欢宽大、舒适的轿车，但是这些车耗油量大，造成能源的浪费，同时对环境的污染也更加严重。为了节约能源，也为了减轻对环境的压力，美国政府决定资助一项研究：在若干年内开发出百千米油耗几升的节能车。如果这种车研制成功的话，对于解决日益严重的能源危机和环境污染来说，无疑是大有裨益的。

洛杉矶

正是因为美国加强了对于汽车污染的控制和管理，所以美国的环境状况有了很大的改观。加利福尼亚州的洛杉矶市就是一个典型的例子。那里曾是美国大气污染最严重的地方，如今其汽车保有量是北京的8倍，却依然天空蔚蓝、空气清新。

随着汽车技术的不断发展，现代汽车的样式也不断推陈出新。各种新型汽车在车型、结构和材料等方面不断地有所突破——车型的流线越来越顺畅，不但看起来有种优雅、华贵的“气质”，而且还可以减小空气阻力，提高时速；车厢空间越来越大，汽车的座位也越来越舒适、安全；汽车的材料开始选择质量轻、强度高的品种，这样可以减轻自重，提高载重量。总之，汽车技术越来越成熟。

汽车除了向舒适、方便、快捷的方向发展，在环境保护技术上也快速发展着。环境保护汽车将成为21世纪汽车发展的主流。面对日趋严峻的环境保护形势，世界汽车工业界认为，要使汽车工业产销两旺，在保持持续发展的同时，还必须高度重视推动汽车环境保护技术，开发出环境保护型汽车。其主攻方向是降低废气排放，减少燃料消耗。

“绿色汽车”可不是指颜色为绿色的汽车，而是指环境保护型汽车。这种汽车有3个突出的特点：

1. 可回收利用

在环境保护方面走在世界前列的德国，规定汽车厂商必须建立废旧汽车回收中心。宝马公司生产的汽车可回收零件的质量占总质量的80%，而他们把目标定为95%！几乎整辆车都可以重新利用了。从总体上看，美国是世界上汽车回收最好的国家，每辆汽车的75%都可重新利用。

2. 低污染

如今，汽车废气已成为城市的主要污染源之一。因此，消除汽车尾气的污染十分重要。美国壳牌石油公司开发出一种新型汽油。这种汽油含有一种称为含氧剂的化学物质，使汽油能够充分燃烧，大大减少有害气体的排放。法国的罗纳—普朗克公司发明了一种具有“显著催化性能”的添加剂。这种添加剂能够消除汽车发动机上散发出的90%的粒子和可见的烟，并在国外的公共汽车上进行了成功的试验。

3. 低能耗

降低能耗就意味着要提高燃料的利用效率，那么排放的废气中的有害物质也就相应减少，从而减轻了污染，从这个角度讲，低能耗和低污染是并存的。日本就深谙此道。1999年日本推出一种汽车节能装置，可以节省25%的燃油，同时排出废气量可减少80%。此外，“绿色汽车”还有降低噪声的功能。

发展绿色环境保护车已成为各国科学家一项重大的研究课题。美国首当其冲。早在1976年，美国就公布了《电动汽车研究、开发及演示法》，为电动汽车的开发研究及产业化奠定了基础。

电池问题一直是困扰电动汽车的一个难题。为此，1991年美国组建了先进电池基金会，分两个阶段开展研究，计划到2000年左右将电池寿命增至

10 年，充电 1 000 次。电动汽车是目前绿色汽车开发的“重头戏”，美国已把振兴汽车工业的希望寄托在开发电动汽车上了。

日本也不甘落后。近年来日本在其汽车制造业的经营策略调整中，有意减缓新产品的开发速度。他们精简产品种类、拉长产品周期，用节省下来的资金研制绿色汽车，取得了很多成果。

电动汽车和混合动力汽车

绿色环境保护汽车最理想的能源是电能。它彻底解决了内燃机汽车的排气污染问题，是一种最有前途的替代汽油、柴油的汽车能源。用蓄电池电能作为动力的汽车，称为电动汽车，又被称为“零污染汽车”或“超低污染汽车”。电动汽车具有无污染、噪声小、操作简单等优点，是现有交通工具中除内燃机汽车以外发展最快的运输工具之一。

内燃机

翻开历史，我们就会发现，电动汽车不是一个新名词，它甚至比内燃机汽车出现的还要略早一些。

在电动汽车的研制上，英国走在最前列。1873 年，英国制成了世界上第一辆电动汽车。1892 年，美国在芝加哥展出了他们研制的电动汽车。

法国紧随其后。1881 年法国的一位电气工程师古斯塔夫·特鲁夫对车辆产生了好奇心，他第一次把直流电机和铅蓄电池用于私人车辆，并在 1881 年 8 月到 11 月在巴黎展出了第一辆电动车辆——电动三轮车。这辆重 120 磅的三轮车由一台电机和六节普兰特二次电池带动。车辆、乘车人、电池和电机的总量为 350 磅，车辆的时速达到 12 千米。它引起了轰动，人们把这一变革称为“不流血的革命”。

然而，美国人却强化了电动汽车的魅力。1898 年，美国人冉尼和杰纳齐驾驶的电动汽车，在法国举行的爬山竞赛中把其他参赛的蒸汽汽车和内燃汽车都抛在后面，一举夺冠，从而引起了人们对电动汽车的注意。

到了20世纪初期，随着蒸汽汽车的日益衰落，电动汽车便开始大显身手。这时，在伦敦和巴黎市区相继出现了电动出租汽车。1912年至1920年间，电动汽车的发展达到了高潮。在这期间，仅美国经营的电动汽车制造工厂就达20家，年产汽车约5 000多辆，全国拥有电动汽车接近3.4万辆。

但是，电动汽车的蓄电池技术不能满足人们的要求，充电时间太长，行驶路程过短，费用也高。所以，内燃机汽车得以蓬勃发展，而电动汽车则逐步消失。近年来，随着环境的压力越来越大，电动汽车又逐步显示出它的优势，重新登上历史舞台并有逐步繁荣的态势。尤其是在一些制造业比较发达的国家，电动汽车成为汽车家族中的一位“后起”之秀。德国报纸上称未来10年内汽车业的竞争将是低污染、新能源汽车在性能上的竞争。现实也的确如此。仅在电动汽车这方面，各个汽车工业发达的国家就已经是你追我逐了。

电动汽车

美国首当其冲。在90年代初开始研制混合电动车，1998年开始全面推广混合动力城市公共汽车，并已开始趋向产业化。

美国通用汽车公司已生产出一种混合燃料电动汽车，它的最快速度可达每小时120千米，尤其是电动马达前轮驱动式汽车，从启动加速至时速96千米仅需7秒钟。

日本紧随其后，丰田公司生产的混合动力汽车现在供不应求。其耗油量很低，仅3.6升/千米，是名副其实的绿色汽车。该公司已推出了商品型混合燃料车，该车一升油可行驶28千米，这不能不说是一个令人为之鼓舞的数字。该公司最新推出了先驱混合动力汽车。

目前美国大约有1 300辆商用混合动力车已经上路，它们的燃油效率是常规汽车的两倍。

日本本田公司也不甘落后，新近推出的 J—VX 复合概念跑车，作为一款未来型跑车，在新型 1.0 升直喷三缸高效发动机上装有一个超薄电动机作为辅助动力源。这种复合式集成电动助力系统，为跑车提供了充足的动力，也使其成为世界上排放量最低的跑车之一。该车的每百千米油耗仅为 3.3 升，对素有“油老虎”之称的跑车来说，实属惊人之作。

意大利的成果也不错。菲亚特公司从 20 世纪 60 年代起就已经着手试制电动汽车了，如今他们已经研制出了两个得意之作——多卡尔加和菲亚特熊猫。

法国对电动汽车给以政策上的支持。法国是世界上第一辆电动车的诞生地。为了刺激用户早日接受绿色汽车，法国对电动轿车的购买者给予 5 000 法郎的一次性补贴，同时电动车的制造商也将得到 10 000 法郎的政府性资助。可以说电动汽车业在法国已经成为国家扶植的产业。这种日趋白热化的角逐还促进了国际之间的合作。

德国奔驰公司与美国福特公司联手开发电动汽车。他们着手研制的用甲烷或工业酒精为燃料的电动汽车已经进入了上路测试阶段，但还需要做很多完善和推广工作。

混合动力汽车

但是这些传统的混合动力车具有先天缺陷。通过回收刹车过程中损失的部分能量，它们利用汽油燃料的效率还能进一步提高。

另一方面，充电式混合动力汽车依靠电网供能。充电后它们无需任何化石燃料即可开动，多数情况下足够一整天的行驶里程。新技术使汽车能耗由依靠汽油向依靠电网转变。

据美国《大众科学》杂志 2000 年 9 月号报道，正当人们推崇电动汽车、认为这是实现零排放的最好选择的时候，一种新一代的无污染的内燃发动机即将诞生。据说，新一代的内燃发动机不仅十分高效，而且十分洁净，以至在空气污浊的日子里，这种发动机所排放的废气甚至比司机呼吸的空气还要干净。如果这种无污染汽车成为未来汽车的发展趋势，那无论是对环境保护，还是对汽车厂家、对消费者都是一桩幸事。

太阳能汽车

太阳把光明和温暖送到了人间，太阳能同时也成为地球上重要的能源。太阳能是真正洁净的能源，在利用的过程中几乎没有污染，而且，太阳能还具有取之不尽、用之不竭的特点，不像石油，再有四五十年就可能会枯竭。把太阳能转变为电能储存在蓄电池中，再把电池安装在汽车上，电池释放的动能驱动着汽车到处跑，这种汽车就是新型的太阳能汽车。

早期的太阳能汽车是在墨西哥制成的。这种汽车，外形上像一辆三轮摩托车，在太阳照射下，太阳能电池供给汽车电能，使汽车开动起来，这种汽车的时速可达到40千米。但是这种汽车每天所获得的电能只能行驶40分钟，所以应用的意义不大，却为太阳能汽车的探索做出了贡献。

目前，日本、德国、美国、法国和印度等国家都已研制出太阳能汽车，并进行交流和比赛。1987年11月，在澳大利亚进行了一次世界太阳能汽车

太阳能赛车

拉力大赛，有7个国家的25辆太阳能汽车参加了比赛。美国研制的太阳能赛车，采用了类似收音机的造型，利用行驶时“机翼”产生的升力抵消车身的重量，所以使汽车的阻力减小到最小。该车最终夺得了冠军。

我国的太阳能汽车在1984年研制成功。当时这辆名为“太阳”号的太阳能试验车，曾开进中南海的勤政殿，为中央领导表演。此后我国仍不断对太阳能汽车进行研究、改进。

太阳能汽车

1996年11月，由江苏连云港太阳能研究所研制成功的BS96352太阳能电动轿车在南京通过了鉴定，被命名为“中国一号”。该车一次充电可行驶150～220千米，最高时速为80～88千米，填补了“采用太阳能作为电动中级轿车辅助电源”先进技术的国内空白。

目前太阳能电动汽车连续行驶里程在190千米左右，已能满足日常生活中人们对汽车交通的要求。可以说，太阳能电动汽车是适宜于未来发展的，在目前也有相当大的市场，特别是适用于环境污染日益加重的大中城市。

进入21世纪，科技的发展一日千里，前几年还是作为概念车的太阳能汽车，现在已具有了一些实用价值。这是彻底意义上的绿色环境保护车。但太阳能汽车要真正替代内燃机车，还有很长的路要走。

氢气汽车

氢气作为动力燃料，已广泛用于各种空间飞行器。由于氢气中不含碳元素，因此燃烧时不产生二氧化碳，比甲烷（CH_4，天然气的主要成分）更洁净，此外，它是资源最丰富的化学元素之一，以至于科学家将21世纪喻为“氢的时代”。氢燃料电池很有可能成为汽车最佳动力源之一。

目前在氢气汽车的开发上已经积累了一些成功的经验。加拿大温哥华巴拉德电力公司研制成功一种无污染的绿色汽车。这种汽车上装有氢气燃料箱。氢气燃烧后将化学能转换成电能，以此作为汽车动力。由于这种汽车噪声小，不排放有害尾气，因此对环境没有危害。

早在 20 世纪 80 年代初，德国奔驰公司就研制了 10 辆氢气汽车，现已在柏林市区行驶了 6 万多千米。日本不久前也制造了一辆以液氢为燃料的轿车。该车利用计算机控制泵和阀门，使液氢的温度在发动机点火之前始终保持 -253℃（在这个温度下，氢可保持液态）。该车时速可达 125 千米。

氢气汽车

虽然各国在研制氢气汽车方面都有了一些进展，但专家估计，要使之真正商品化还需 20 年左右的时间。

酒精汽车

在巴西，酒精汽车曾经最为流行。为减少石油进口，巴西从 1974 年开始实施酒精代替石油计划。1986 年，巴西用甘蔗生产了 150 亿升酒精并用于汽车燃料，约占该国汽车燃料的 50%。

甲醇汽车

最近，日本甲醇汽车公司生产的首批甲醇汽车在东京投入运营。美国福特、通用和克莱斯勒等汽车公司也在研制生产甲醇汽车。

天然气汽车

目前世界上天然气汽车已达 500 多万辆，约占汽车保有量的 1%。同传统的汽油汽车相比，液化石油气汽车运行成本只有汽油车的 65%。天然气价格比汽油低，故天然气汽车可以节约费用。更为重要的是天然气汽车可以大大减少二氧化碳的排放量，减少有害气体对环境的污染，与汽油车相比，在

天然气汽车

排放的污染物中，一氧化碳减少了90%，碳氢化合物减少了80%，氮氧化物减少了87%。

截止到1996年，全世界用作汽车燃料的液化石油气达到1 000万吨以上。其中年消耗量在百万吨以上的国家有意大利、韩国、日本、墨西哥和美国等。日本的液化石油气汽车的发展居世界领先地位，1996年其液化石油气总产量为2 200万吨，其中的9.25%用于车用燃料。

“饮水”汽车

人们设想用当代最高级的能源——核能作为汽车动力源。核聚变的主要原料是氢、氘等，将从海水中提取氘的装置与核反应堆装置配套使用，汽车就能拥有用之不竭的能源。这种“饮水”汽车其实是核能汽车。

“噬菌”汽车

气态氢是一种无污染、高热值的燃料。人们已经研制成功用光合作用培养细菌来生产氢气，这种汽车时速可达200千米。

“侏儒”车

美国还研制了燃烧效率比现有汽车高3倍的、风靡欧洲的电动“侏儒”车。该车具有速度高、低公害、易操作和微型化等众多优点。这种新型绿色汽车已经开始进入实用阶段。

碳素纤维汽车

日本东京电力公司最近推出一种以碳素纤维为车身的汽车。这种汽车的最高时速可达176千米，被专家们称为绿色汽车的楷模。

知识点

内燃机

内燃机是将液体或气体燃料与空气混合后，直接输入汽缸内部的高压燃烧室燃烧爆发产生动力。这也是将热能转化为机械能的一种热机。

内燃机具有体积小、质量小、便于移动、热效率高、起动性能好的特点。但是内燃机一般使用石油燃料，同时排出的废气中含有害气体的成分较高。

延伸阅读

世界上第一辆汽车的诞生

汽车的发明者是谁？是卡尔·本茨，还是亨利·福特？很长一段时间存在争议，因为两个人都为汽车做出了很大贡献，前者1886年在德国造出了现代汽车的雏形，后者则用流水线生产使得汽车这个“钢铁怪物”广为人知。

但是，发明者只能有一个，现在世界比较公认，汽车是卡尔·本茨发明的。理由有两个：

1. 当时造出的汽车雏形，除了仅为3个轮子之外，单缸四冲程汽油机、电点火、化油器等独创技术，一举奠定了汽车设计基调，即使现在的汽车也跳不出这个框框。

2. 卡尔·本茨当时同时申请了专利，这是相当英明的决定，不仅为他赢得了“汽车之父”美誉，同时保证了他的后半生衣食无忧（丰厚的专利费）。

对于亨利·福特，他倒不是在意这个虚名，因为他生产的T型车，前后总共生产1 500万辆，这个纪录一直到几十年后才被大众的甲壳虫超过。业界给他的评价是“给世界装上轮子”。一个是因为他使得汽车开始普及，另外一个是他独创的流水线生产影响了整个社会的生产方式。

总之，在卡尔·本茨和亨利·福特这两个天才的努力下，汽车终于诞生了。

服装与环境保护

衣食住行，衣为先，它是人的第一环境、第二皮肤。可是就是这层“皮”，从棉花种到地里开始，一直到挂在商场的橱窗里为止，有太多的机会受到污染。

服装的污染有两个来源：

1. 服装原料在种植过程中，为控制病虫害会使用杀虫剂、化肥、除草剂等，这些有毒有害物质会残留在服装上，引起皮肤过敏、呼吸道疾病或其他中毒反应，甚至诱发癌症。

2. 在加工制造过程中，会使用氧化剂、催化剂、阻燃剂、增白荧光剂等多种化学物质，这些有害物质残留在纺织品上，使服装再度蒙受污染；成衣的后期整形步骤还会用到含有甲醛的树脂，也会对服装造成污染。

服装加工

服装的污染令人咋舌。如今，有益于身体健康而且污染较小的环境保护服装成了新的时尚。绿色服装又称为生态服装，它是以保护人类身体健康，使其免受伤害为目的，并有无毒、安全的优点，在使用和穿着时，给人以舒适、松弛、回归自然、消除疲劳、心情舒畅感觉的纺织品。

从专业上说，绿色服装必须包括三方面内容：

1. 生产生态学，即生产上的环境保护；
2. 用户生态学，即使用者环境保护，要求对用户不带来任何毒害；
3. 处理生态学，是指织物或服装使用后的处理问题。

国际上已开发上市的“绿色纺织品”一般具有防臭、抗菌、消炎、抗紫外线、抗辐射、止痒、增湿等多种功能。这类产品在我国还属初创阶段，已经推出的主要以内衣为主，但由于这类纺织品具有特定有益人体健康的功能，因而较受消费者欢迎。

低碳是环境保护人士倡导的一种生活方式。如今，服装也在讲究低碳。低碳服装是一个宽泛的服装环境保护概念，泛指可以让我们每个人在消耗全部服装过程中产生的碳排放总量更低的方法，其中包括选用总碳排放量低的服装，选用可循环利用材料制成的服装，及增加服装利用率减小服装消耗总量的方法等。

一件衣服从原材料的生产到制作、运输、使用以及废弃后的处理，都在排放二氧化碳并对环境造成一定的影响。

根据环境资源管理公司的计算，一条约 400 克重的涤纶裤，假设它在我国台湾生产原料，在印度尼西亚制作成衣，最后运到英国销售。预定其使用寿命为两年，共用 50℃ 温水的洗衣机洗涤过 92 次；洗后用烘干机烘干，再平均花两分钟熨烫。这样算来，它“一生”所消耗的能量大约是 200 千瓦时，相当于排放 47 千克二氧化碳，是其自身重量的 117 倍。

相比之下，棉、麻等天然织物不像化纤那样由石油等原料人工合成，因此消耗的能源和产生的污染物要相对较少。据英国剑桥大学制造研究所的研究，一件 250 克重的纯棉 T 恤在其“一生”中大约排放 7 千克二氧化碳，是其自身重量的 28 倍。

在面料的选择上，大麻纤维制成的布料比棉布更环境保护。墨尔本大学的研究表明，大麻布料对生态的影响比棉布少 50%。用竹纤维和亚麻做的布料也比棉布在生产过程中更节省水和农药。

随着人们环境保护意识的增强，天然的布料，如棉、麻、丝绸将成为各类时装最为热门的用料。它们不仅

全涤纶服装

从款式和花色设计上体现环境保护意识，而且从面料到钮扣、拉链等附件也都采用无污染的天然原料；从原料生产到加工也完全从保护生态环境的角度出发，避免使用化学印染原料和树脂等破坏环境的物质。

"环境保护风"和现代人返璞归真的内心需求相结合，使生态服装正逐渐成为时装领域的新潮流。

再生衣料，即用旧成衣料经特殊处理后加工制成的衣料开始兴起；而合成纤维，尤其动物皮革等将被人们视为破坏环境的产品而受到冷落。西欧许多人已拒绝穿裘皮大衣。

知识点

涤纶

涤纶又称特丽纶，美国人又称它为"达克纶"。当它在香港市场上出现时，人们根据广东话把它译为"的确良"这一家喻户晓的名称。

涤纶是三大合成纤维中工艺最简单的一种，价格也比较便宜。再加上它有结实耐用、弹性好、不易变形、耐腐蚀、绝缘、挺括、易洗快干等特点，为人们所喜爱。

涤纶的用途很广，大量用于制造衣着面料和工业制品。涤纶具有极优良的定形性能。涤纶纱线或织物经过定形后生成的平挺、蓬松形态或褶裥等，在使用中经多次洗涤，仍能经久不变。

延伸阅读

低碳生活的内涵

低碳社会、低碳经济、低碳生产、低碳消费、低碳生活、低碳城市、低碳社区、低碳家庭、低碳旅游、低碳文化、低碳哲学、低碳艺术、低碳音乐、低碳人生、低碳生存主义、低碳生活方式……其中，低碳经济和低碳生活为其核心内容。

低碳经济，是以低能耗、低污染、低排放为基础的经济模式，是人类社会继农业文明、工业文明之后的又一次重大进步。低碳经济的理想形态是充分发展阳光经济、风能经济、氢能经济、核能经济、生物质能经济。它的实质是提高能源利用效率，清洁能源结构，追求绿色 GDP 的问题，核心是能源技术创新、制度创新和人类生存发展观念的根本性转变。

所谓低碳生活，就是把生活中所耗用的能量要尽量减少，从而减低二氧化碳的排放量。

低碳生活，对于我们这些普通人来说是一种生活态度，也是推进潮流的新方式。我们应该积极提倡并去实践低碳生活，要注意节电、节气……从身边的点滴做起。